公务员读心理学

# 职场博弈术

常福 编著

哈尔滨出版社

HARBIN PUBLISHING HOUSE

图书在版编目（CIP）数据

职场博弈术 / 常福编著 . —哈尔滨：哈尔滨出版
社，2011.9
（公务员读心理学）
ISBN 978-7-5484-0705-8

Ⅰ.①职… Ⅱ.①常… Ⅲ.①职业 – 应用心理学 – 通
俗读物 Ⅳ.① C913.2-49

中国版本图书馆 CIP 数据核字（2011）第 159938 号

书　　名：**职场博弈术**

作　　者：常　福　编著
责任编辑：张恩平　马丽颖
责任审校：陈大霞
封面设计：华夏视觉

出版发行：哈尔滨出版社（Harbin Publishing House）
社　　址：哈尔滨市香坊区泰山路 82-9 号　　邮编：150090
经　　销：全国新华书店
印　　刷：北京中振源印务有限公司
网　　址：www.hrbcbs.com　　www.mifengniao.com
E-mail：hrbcbs@yeah.net
编辑版权热线：（0451）87900272　87900273
邮购热线：4006900345　（0451）87900345　87900299 或登录**蜜蜂鸟**网站购买
销售热线：（0451）87900201　87900202　87900203

开　　本：787×1092　　1/16　　印张：19.5　　字数：200 千字
版　　次：2011 年 9 月第 1 版
印　　次：2011 年 9 月第 1 次印刷
书　　号：ISBN 978-7-5484-0705-8
定　　价：32.00 元

凡购本社图书发现印装错误，请与本社印制部联系调换。　服务热线：（0451）87900278
**本社法律顾问：**黑龙江佳鹏律师事务所

# 目录

contents

I

## 065　日常生活中的博弈——练达人生的心理智慧

# 求职面试中的博弈——面试与反面试的秘密

# 示人以优：利用第一信息的力量展现自己

1957年，美国心理学家洛钦斯做了一个实验。他设计了四篇不同的短文，分别描写一位名叫杰姆的人。在第一篇文章中，杰姆被描述成了一个开朗而友好的人；在第二篇文章的前半段，杰姆被描述得开朗友好，后半段则被描述得孤僻而不易让人亲近；第三篇的描述正好与第二篇相反，前半段杰姆被描述得孤僻而不易让人亲近，后半段被描述得开朗友好；第四篇文章杰姆被描述得孤僻而不易让人亲近。

洛钦斯请4个组的受试者分别读这4篇文章，然后在一个计量表上评估杰姆的为人到底怎样。结果表明，如果文章在描述杰姆时开朗友好在先，那么受试者中有78％的人认为杰姆是友好的；如果文章在描述杰姆时孤僻而不易让人亲近在先，则受试者中仅有18％的人认为杰姆是友好的。

我们再来看一个类似的实验：让两个学生都做对30道题中的一半。学生A做对的题目尽量出现在前15道题，而学生B做对的题目尽量出现在后15道题，然后让其他人对这两个学生进行评价：看谁更聪明一些。

实验结果表明，多数人都认为学生A更聪明。为什么会出现这种现象呢？这就是典型的沉锚效应：在人们作决策时，思维往往会被得到的第一信息所左右，第一信息会像沉入海底的锚一样把你的思维固定在某个地方。

最初接触到的信息所形成的印象往往会对我们以后的行为活动和评价产生影响，实际上也就是"第一印象"的影响。

第一印象所观察到的主要是性别、年龄、衣着、姿势、面部表情等"外部特征"。在一般情况下，一个人的体态、姿势、谈吐、衣着打扮等会在一定程度上反映这个人的内在素养和其他个性特征。

所以第一印象对人们如何判断一个人有着重要的影响。两个素不相识的人，如果第一次见面时彼此留下的是正面的、良好的印象，他们会希望继续交往，增进关系；而如果是负面的、不好的印象，他们则拒绝继续交往。

所以，为官者总是很注意烧好上任之初的三把火，平民百姓也深知"头三脚"的作用，每个人都力图给别人留下良好的第一印象。第一印象总是在别人的心目中挥之不去，不管你发生了怎样的变化，有了多大的进步或者退步，对方还是会对你保留着原来的印象。

据有关调查显示，注重着装、职业形象好的求职者往往要比那些不注重修饰的求职者的起始工资高出8%~12%。此外，美国还作过一项关于面试的专业调查，发现在第一次见面时，无论是男女，能够有力地握手的人可以给主考官留下良好的第一印象，这种人获得职位的机会也会高。

第一印象是获得更好机会、找到好工作的基础，所以那些想换个更好工作环境的人或者是刚刚毕业的大学生，要想在人才济济的竞争环境中成为佼佼者，获得心仪的职位，求职面试时一定要了解招聘者的心理，给他们留下美好的第一印象。

# 变短为长：让自己在面试中熠熠生辉

法国作家罗时夫科尔德曾经说过："主动承认自己的小缺点，是为了让他人相信我们没有大缺点。"

美国的恒美DDB广告公司曾经接过一个很棘手的策划方案：为德国产的小型汽车——甲壳虫打入美国市场制定宣传方案。要知道，在这之前美国人偏爱的都是大型的、本国产的汽车。

不过，恒美DDB广告公司出色地完成了这个策划。在广告播出后不久，甲壳虫就摆脱了原来滑稽可笑的形象，成为了畅销车型。

毫无疑问，甲壳虫的成功大部分是依靠DDB公司优秀的广告策划。但令人惊奇的是该广告策划的着手点：没有强调汽车的优点，如经济便宜或油耗小；相反地，把汽车的缺点暴露给消费者，制定了这样的广告语：丑只是表面的，它能丑得更久。

DDB公司策划的这个广告突破了当时业内的常规做

法。它直接告诉消费者，甲壳虫汽车并不符合当时美国人对汽车的审美观。那么为什么甲壳虫还那么受大家欢迎呢？这是因为提及商品的一个小小缺点能够增加广告的可信度，然后再说商品的优点时，比如甲壳虫的经济实惠与节油，人们就更会相信所言属实。

此外，除了广告策划以外，该策略对其他很多领域也很实用。如想找工作的人就应很注意这方面的技巧，如果你的履历里全是优点，那你得到面试的几率就会变小；相反，那些勇于揭短的简历主人，获得面试的几率要高得多。

假如你是公司的人事部经理，那么你会怎么看待那些应试者呢？你觉得如果是你，你会想方设法找出应试者的优缺点吗？当然不会，因为没有谁能够在短时间内做到这些。作为主考官，他们会通过对你言行的考察和履历表来对你作出常规的评定。

因此，如果你想给主考官留下深刻印象就一定要在履历表上做文章。当然履历表上一定要写自己的优点，要不然会让应聘方觉得你是一个一无是处的人。但是也千万不要保有侥幸心理，认为自身的缺点可以隐瞒，等公司发现之后你已经成为他们中的一员了。有时候适当地暴露一下自身的缺点，可以获取主考官的信任，可以从中让他们看到你的素质、修养和真正的品质。

既然自暴缺点能赢得别人的信任，那是不是说只要是缺点都可以写到简历里呢？当然不是，该策略的运用是有前提的，那就是自身的缺点要瑕不掩瑜，这一点很重要。

为了使这种策略更有效，还有一个需要注意的地方，那就是研究人员葛德·伯纳所说的："我们在坦白缺点时，应该用有中和作用的优点来补充。"

所以说，如果你只是想提高他人对你的信任度，那揭什么样的短都没错。但如果你还想提高他人对你的评价，那就要确保你请出的每朵乌云旁都有一缕阳光与之相伴。

为了能够让自己在面试中熠熠生辉，就一定记住，在坦白缺点的同时，要补充一项能抵消其影响的优点。这才是让别人信任你的最好、最有效的策略。

# 换位思考：神奇有效的心理战术

职场也是没有硝烟的战场，想要在职场中大显身手，第一步就是要赢得主考官的青睐。为此面试者要懂一点职场心理学，紧紧抓住主考官的眼球。换位思考就是其中最主要的手段之一。

所谓求职中的换位思考，就是要把自己想象成主考官，以他们的角度来考虑问题，抛弃自己的切身利益。当然这种换位思考不但需要转换思维模式，还需要一点儿好奇心来探求主考官的内心世界，有针对性地准备问题。

主考官总是会通过问题来检测你是否适合他们的工作，所以你的谈话一定要有目的性，尤其要注意那些似乎与你的工作没有关系的问题，如请谈一谈你过去的工作情况，包括工作性质、工作满意度。其实主考官是想通过这些问题考察你的工作态度。一个人的工作态度能表明他能否担当大任。

事实上，招聘者对求职者能否适合某项工作经常注意到这一点，即看他对目前的工作有何看法。如果求职者认为自己的工作很重要，就会给招聘者留下深刻的印象，即使他对那项工作还有不满。

国外某家企业欲招聘一位职员，有三位求职者前来应聘。人事部经理为他们准备了相同的试题："假如你们的工作是砌砖盖房子，那么你们会怎么看待这份工作？"

第一个应聘者说："砌砖。"

第二个应聘者说："我正在挣钱。"

第三个应聘者说："我正在修建世界上最宏伟的大厦。"

结果可想而之，第三个应聘者被录取了。

如果你是这家公司的人事部经理，你会怎么看待这三位应聘者呢？大概你也会认为前两位是没有远见、不重视自己的工作、缺乏追求更大成功的推动力的人吧。这种人很难为企业的发展作出创造性的贡献，所以没有哪个公司会喜欢聘用这样的人。但是，第三位应聘者却与前两位对待工作的态度截然不同，他已经掌握了新的思维方法，为他在工作中的自我发展开辟了道路。所以这样的人不会永远止步不前，他会为自己的工作找到动力，并努力为之奋斗，这样的人也正是公司需要的人。

一个人的工作态度能说明他是否能担当大任。所以考察工作态度成为了许多单位用人的重要原则。这也就是为什么，招聘者对求职者能否适合某项工作，经常注意到这一点的原因。所以很多面试公司都会问应聘者对目前的工作有何看法。如果求职者认为自己的工作很重要，就会给招聘者留下深刻的印象，即使他对那项工作还有不满。道理很简单，如果他认为他目前的工作很重要，那很可能为他的这个工作自豪。这是许多单位选用人的重要原则。一个人的工作态度同他的工作表现有着密切的关系。他的工作态度，正如他的仪表一样，会对上级、同事和下级，乃至他接触的大部分人显示他内在的品质。

如果一个人没有远见，不重视自己的工作，缺乏追求更大成功的推动力，那么他很难为企业的发展作出创造性的贡献。所以你一定要站在主考官的立场去思考问题，努力了解主考官们的想法，然后积极地应对，即使是对自己不喜欢的工作也要对其表现出满怀的激情。

# 不可缺失的心理健康：坚持立场、诚实做人

如果你是主考官，你会怎么看待那些应聘者呢？你大概会给应试者一个怎样的达标标准呢？为了考察应试者，主考官们经常会设置一些陷阱，如假设一些事情或情景，从而试探出应试者的个人素质、修养以及真正的人品。

美国某公司到珠海招人，广告打出去后，不少人前往应试，笔试过关的有几十人。

最后一关的面试，应试者会逐一与洋老板直接交谈。阿明是最后一个进去的应试者，当他走进老板的办公室时，老板突然惊喜地站了起来，径直向他走来，握住他的手，兴奋地说："想不到在这里见到你。那一次，我陪女儿在白藤湖划船，不小心掉进水里，你奋不顾身救了她。当时忙着救女儿，没来得及问你的名字！世界真小，想不到在这里见到你！"

阿明被洋老板这一大段激动人心的话弄糊涂了，心想准是这洋老板认错人了，于是坚定地说："先生，我没有

救过人，你认错人了！"但老板仍一口咬定救自己女儿的人就是阿明，而且口气很坚定。但阿明没有乘机讨老板的欢心，而是坚定不移地否认，口气坦然真诚。突然洋老板大笑起来，拍了一下阿明的肩膀，说："好样的！你是诚实的，面试通过了。"原来，这是老板精心设计的一出"心理剧"，他根本没有女儿。诚实最终为阿明赢得了满分。

从上例可看出，求职一定要遵循诚实的基本原则，诚实是一个人的必备品质，是道德的基石。一个人如果不讲诚信，那其他的美好品质，如道德，爱心、同情心、羞耻心、职业道德、公共道德等都将不复存在。所以所有正规的公司都希望他们的员工具有诚实可靠的品质，只有这样，他们才会放心地把事情交给员工去办。

所以应聘者千万不能为了解决工作的问题抛弃自己做人的立场。

# 有效的求职战术：正确传递自己的信息

求职者有效地向招聘单位传递自己受教育的程度、工作经历等信息，让招聘者通过这些信息了解你，相信你是符合招聘条件的应试者，是成功求职的关键。

但是在处理这些信息时也要注意以下几点：

### 1.要传递真实信息

求职者不要靠虚假或不实的等级证书、毕业证书等光环向招聘单位吹嘘自己。一般情况下，公司负责招聘的人员都是一些久经人才市场、练就了一副火眼金睛的老将，你的虚假信息很难蒙混过关。

李开复曾就面试的问题这样回答记者的提问：

记者问：在来见你的路上，凌志军说您有出众的识人才能。您的特长是可以在五分钟内判断一个人是否优秀，请问您是如何做到的？

答：面试时，五分钟，看他的思路，回答的问题。应该基本上能看出他是不是一个真诚的人、可信的人，也可以大约看出他的思考方式和他的能力。

问：对于您刚才讲的，我有一些疑惑啊，如您刚才说的，您在招人的时候，能在几分钟之内，看出他是一个什么样的人，有看错的时候吗？

答：当然也有看错的时候。有些人有多次面试的经验，会"包装自己"，所以说我不能五分钟断定一个人，但是应有95%的把握。所以，我们面试要经过7-8位"考官"，还要看过面试者取得的成绩、业绩，以及得到的以前同事、老师、同学的评语，才作最后决定。

问：这种95%的把握仍然是惊人的高，它来自于什么呢？

答：这主要是依靠经验。我面试过上千个人，所以我总是可以和以前见过的人和他们后来的优缺点比较。另外，我会问一些很特殊的难题来了解一个人的思路。我不会接受一个很广的答案，我会追根问到底。在压力下更能看清一个人。最后，这也是判断情商水平高低的一个例子。我想，自觉水平很高的人应是能识人的人，因为他会观察、注重别人的感觉。同理心很强的人应是能识人的人，因为他能将心比心。

自古用人的两大铁定法则是：一看德；二看才。即使你能侥幸蒙混过关，可谎话终有被揭穿的一天，到时经历一场惨痛的尴尬是不可避免的，到时你的个人信誉将被大打折扣，成为你以后成功就业最大的绊脚石。

所以作为求职者宁肯暂时找不到工作，也不要"老虎嘴里拔牙"，逞一时之快，用虚假的信息欺骗招聘单位。

**2.要包装适当，突出特色**

这里所指的包装绝非是靠美容、整容、名牌衣服等外物来修饰自己，而是指给自己本身的能力"充电"。

斯宾塞曾说："包装自己就是向雇主发信号，传递自己的信息。"

现代大学生早已学会了用各种方式包装，用"硬件"来向招聘单位展示自己的能力，如英语四六级、计算机二三级、注册会计师、驾照；用"软件"包装自己，如编写并印刷精美详尽的个人简历。

这些方法一定奏效吗？如果你所拥有的各种证书人人都不缺，或者每个人都在自己的简历上精益求精，这些信号其实就失效了。

因此，要想使招聘单位了解并认可自己，关键是要不失时机地亮出自己的特色，针对用人单位的实际需求，突出自己在这方面的特长，即展示出自己的核心竞争力。

要通过有效的信号使自己脱颖而出受雇主青睐，求职者必须事先了解应聘职位的要求，有的放矢地向招聘者传递自己适合这一份工作的特点。

### 3.要注意细节

精心包装彰显了特色后，并不等于万事俱备了。求职者还需特别注意应聘过程中的每一个细节，有时候细节会决定成败。

比如，得体的打扮（一般情况下应聘时要穿职业装，女士最好化淡妆等）、文明的举止（说话声量要适当，言辞要礼貌等）、与招聘者会面要守时……求职者在与招聘者接触的整个过程都是在不断地向招聘单位传递信息，切不可粗心大意。

但要提醒一点的是，注意细节并不等于是刻意做作，过于做作就会显得虚假，反而会招致招聘者的反感。

"知己知彼，百战不殆。"求职者要充分挖掘自己的潜力，多方了解应聘企业的概况，加大顺利通过考核的筹码。

# 难以避免的较量：面试中的"唇枪舌剑"

面试成功需要的不仅仅是深厚的专业技能和良好的个人心理素质，还需要善变的口才技巧，并准确地认清面试的误区和禁忌，以免给面试带来不应有的负面影响。

面试的过程，其实就是招聘单位通过目测和问答的形式，选拔所需人才的形式。在面试中，主考官为了鉴别单位真正所需的人才，往往会千方百计地"设卡"，以提高考试的难度，应试者要应付这种局面，巧妙地回答主考官的问题，做到临阵不慌，应对自如。

现在我们将这种应答技巧总结如下：

**1.知之为知之，不知为不知**

孔子说："知之为知之，不知为不知，是知也。"在面试中，主考官经常会问应试者一些稀奇古怪的问题，所以应试者往往会遇到一些不熟悉或者曾经熟悉但是现在忘了或者根本不懂的问题。

如果遇到了这样的情况，应试者首先要保持镇静，绝对不能出现手足无措或者抓耳挠腮的表现。每个人不可能对所有的知识都有涉猎，主考官也不会要求应试者无所不知，所以应试者不必为自己的"无知"而烦恼；其次不要不懂装懂，与其答得驴唇不对马嘴还不如坦白承认自己不知道；再次不能回避问题、默不作声，这是不礼貌的表现，应该明确告诉主考官你的看法。对于那些没有把握的问题可以作简略回答或致歉不答，但绝不能置之不理。

### 2.冷静沉着，宠辱不惊

有些主考官为了考察应试者的个人素质会故意挑衅，问一些令人难堪的问题。当主考官有意在面试过程中逐步向应试者施加压力，应试者一定要明白这只是主考官的一种"战术"，用意在于"重创"你，所以千万不可以反唇相讥，恶语相向，而是要保持冷静，不要胡乱推测考官的不良目的，应表现出理智、容忍和大度、风度和礼貌，和考官讨论问题的核心，将计就计。

### 3.正确判断主考官的意图，对症下药

当主考官想问应试者一些比较难回答的问题时，为了打消你的顾虑可能会采取声东击西的策略，换一种问法："你周围的人对这个问题有什么看法？"遇到这种情况，千万不要疏忽大意，更不能信口开河，不要以为说的不是自己的意见，就不会暴露自己的观点。因为在主考官看

来，你所说的大部分都是你自己的观点。

另外，主考官还可能采用投射法来测验你的真实想法。所谓"投射法"即以己度人的方法，如主考官可能会通过看图画编故事的形式，来检测你的想象力和你的深层心理意识。面对这种状况，你可以放开思维、大胆构思，表明你有创造力、想象力，但同时一定不要忘记这样一个原则：所编造故事情节要健康、积极、向上、有建设意义。因为主考官会认为故事情节中融入了你的真实心理。

为了更好地应对主考官的审核，就必须判断出主考官的提问是要评测你哪个方面的素质和能力，然后有针对性地进行回答。

如当被问到"你为什么要来本单位应聘"的问题时，要明白这个问题涵盖的深层次内容：一是想了解应试者的志向；二是想知道应试者对该单位的了解程度。所以回答一定要流利，要表达出自己的志向，并说明这里是实现自己志向的最佳地方。

当被问到"你在工作中追求什么？个人有什么打算？你想怎样实现你的理想和抱负"时，要明白主考官意在了解你换工作与求职的原因、对未来的追求与抱负，以及考虑本单位所提供的岗位和条件能否满足应试者的要求和期望等。所以你在回答时不能漫无边际，应该给予主考官明确答案，以充分的事实论据和坚定的自信来表达以满足主考官对求职者的期望和要求。

当被问及"你在大学所学的是什么专业或受过哪种特殊培训？你对哪些课程感兴趣？哪些课学得最好？你的写作风格与别人相比有什么特点？"时，主考官意在考察你的知识水平与专业特长，了解应试者掌握专业知识的深度和广度，其专业知识与特长是否符合所录用职位的专业要求，并作为对其专业知识笔试的补充。

你在回答这个问题时，应注意以下几个方面：第一，要体现出你的专业水平，语言要简洁，逻辑性要强；第二，只谈那些与有效完成应聘工作有关的专业和课程；第三，可以就专业问题加以发挥，把道理讲深讲透，但不可沉湎于自己的优势而眉飞色舞滔滔不绝。

当被问及"和上司意见不一致时你怎么办"时，要明白主考官意在考查你的沟通能力和对自我角色的认定。所以你可以这样回答："首先，应该向上司表明自己希望沟通的愿望和诚意；其次，在沟通的过程中，应该站在上司的角度去考虑问题，说明上司这样决定的道理。然后再阐释自己的理由；再次，要注意自己的语气和态度，应该用虔诚的、实事求是的，而不是胜利在握的，或者激愤的态度；当然，还要尽量照顾上司的面子。"

# 巧问薪酬：把握好探问薪酬的分寸

在面试的过程中，应试者大多希望知道或者告诉应聘单位自己希望获取的薪酬，但是又害怕因为自己的唐突而失去这次机会。

那么该如何巧妙地应对薪酬问题，即不影响你在主考官眼里的形象，又能成功达到目的呢？下面的建议或许对你有所帮助：

## 1. 大胆地说出你的待遇期望

很多面试者都知道，一般企业都有自己的薪资方案，所以在面试时不敢或者不好意思提出自己的要求。其实，一些企业为了吸引人才，树立企业形象，原来的薪资方案在小范围内还是有一定的变通余地的。如果你是 个有能力或有经验的人，当面试官问起你的薪酬要求时，你只是敷衍"按企业的规定办"之类的话，那很可能会给主考官留下你对自己和企业都没有一个清醒的认识的坏印象，所以必要时还是应该大胆地说出自己所期望的待遇。如果你不确定自己提出的期望待遇是否恰当，你也可以请教对方——"这样的职务通常在贵公司的待遇如何？"

当然，这种方法对刚刚大学毕业或毫无相关工作经验的人是不适用的，由于你的工作能力、表现都没有过去的记录可证明，所以最明智的做法就是"依公司规定办"。

### 2. 做到心中有数

你应该对你将要面临的情况作一个全面的调查，做到心中有数。比如，这家企业的状况如何，现在市场上通行的行业薪金是多少，你最理想的情形是什么，能够接受的条件是什么，在哪些问题上可以作出让步等。

此外，还要充分了解企业的福利政策。福利是员工收入的一个重要组成部分，通过它可以反映出企业的人情味、凝聚力、对员工的重视程度等。所以，在关注薪酬的同时，你也应该充分了解企业的福利政策。在很多大型跨国公司，职员的薪水有时并不很高，但是福利待遇很好，比如高达薪水40％的住房公积金。因此，在和这些公司谈薪酬时，一定要将这些福利考虑进去。

### 3.让对方感到雇用你是值得的

谈论薪水时你不妨先换位考虑，从企业的需求出发，展现你自己，让对方知道你能为企业做些什么，能带给他们什么样的利益，你具有什么样的技术知识、潜力和解决问题的能力等。总之，你要让对方感到雇用你是值得的。

等对方认定你是最佳人选时，你再争取高薪、福利就不再是很困难的事情了。当然最明智的做法是：在提出薪水要求时，不妨只说一个大致范围，为双方都留有一定的余地。比如说，要求薪水在3000~5000元之间。

**4.问薪水问题要注意方式，把握好时机**

面试时，在谈到你的工作经历时，招聘者往往会问你现在的收入情况。你可以在回答了对方的问题后，反问一句：这个标准与贵公司相比有多少差距？当然老练的招聘者不会回答准确数字，但是因为有了参照，他的回答也许会含蓄些，比如"不会低于过去的收入"或"目前我们可能还达不到这个水平，但差距不会很大"之类。通过这些回答，你可以推算出新岗位的大致薪酬水平。

当然，你也可以以退为进提出反问："我愿意接受贵公司的薪酬标准，不知按规定这个岗位的薪酬在贵公司的标准是多少？"如此一来，你可能会在回避了对方问题的同时摸清了对方的底。

# 面试的技巧：巧妙应对"问之以是非"

三国时期的能臣诸葛亮曾以"问之以是非而观其志"的方法来辨别人才，几千年过去了，这个大圣人并不寂寞，他的这个方法已经被很多企业运用于面试及招聘中。所以应试者在回答这类问题时一定要谨慎，小心落入圈套。我们不妨来看一下下面这则面试材料：

甲参加过公司的一次招聘，由经理在初选入围的3个应聘者中确定最后聘用谁。3个人的条件差不多，甲看过他们的资料，其中A和B毕业于名牌大学，而C是一般大学。甲猜想经理会在A和B两个人中选一个，但结果经理选的是C。

甲问经理：你是根据什么作出这个选择的？

经理说：根据他们对我的最后一个问题的回答。

问题是：你是因为什么离开原来工作单位的？

A回答："那个地方太糟了，头头什么也不懂却自以为是，喜欢瞎指挥，下面拉帮结派勾心斗角尔虞我诈，职员升职不是靠本事而是靠关系……我看不惯，不干了！"

B回答："那个单位排外，欺生，我是外地来的，他们都合伙挤对我，不好干的活让我干，不是我的错也把责任往我身上推。"

C的回答是："我原来那家公司不错，员工的素质很高，同事也好相处，我是不想离开的，可惜我经验不足，工作出了差错，老板把我辞退了。"

甲听了之后明白了其中的原委。其实诸如此类问题，应试者在面试中经常会碰到，而主考官意在考察你人际交往能力和与人相处的技巧。

人际关系是一面镜子！与其说照出了别人的缺陷，不如说是照出了自己的缺陷。其实到处的情况都差不多，差别在于自己如何去对待。企业需要的是有学识的员工，同时也是善于处理各种人际关系的员工。而且后一点是很重要的，因为在很多情况下，处理不好人际关系就无法顺利开展工作。

C被老板辞退了却不怨恨老板，而能从自己身上找原因，这点很可贵！说明他能够正确对待别人，正确对待自己，持这种心态的人比较容易与他人建立良好的人际关系。这也正是他能够被录用的原因。

对于一个企业来说，对原来单位的评价就是一个是非问题。对离职者来说，离开原单位，就像摆脱了牢笼，可以对其肆意评价。这时的评价，可以客观，也可以肆意诋毁，还可以抱着一种报恩心态进行赞美。不同的评价方式代表着不同的志向，也反映出不同的人格。

所以应试者一定要注意回答这类问题的技巧，即使原来的单位问题真的很多也不能如实作答，而是要想方设法从自身找问题，给应聘单位留下好印象。

# 面试中的惯用伎俩：临之以利而观其廉

临之以利而观其廉就是把下属放在有利可图的工作岗位上，看他是否廉洁奉公；给其以得到财物的机会，看他是否廉洁。在利益面前，各种人的灵魂都会赤裸裸地暴露出来。很多招聘单位正是利用这一点来选拔和测验未来员工的。

我在一本书中曾经看到过这样一个招聘故事：

某公司招聘收银员，经过重重筛选，最后有三位小姐被通知参加复试。

复试由经理亲自主持。当第一位小姐走进经理的办公室时，经理拿出100元，要这位小姐帮他买一包香烟。这位小姐觉得还没有被录用，就被老板指来指去，将来在工作中一定会有很多麻烦，于是她拒绝了经理的要求，气冲冲地离开了。理所当然她的机会也就随她而去了。因为她不服从领导安排，当然不可能被录用。

第二位小姐走进办公室后，经理照样拿出100元，要她去买一包香烟。这位小姐想给经理留下好印象，虽然这件事与工作无关，但她还是爽快地答应了。可是，经理给她的是一张假钞。没办法，为了完成任务，她只好自己花了100元买回了香烟，把找来的零钱全部交给了经理，而对假钞的事只字未提。当然，她也要失去这份工作。因为她没有及时发现假钞，这是收银员的大忌。而且等到后来发现假钞后，她也没有及时上报和拒绝，这样的人被录用后也会给公司带来损失。

第三位小姐也同样被要求去买香烟。当她接过经理递过来的100元后，并没有转身就走，而是仔细地检验了这张钞票，马上就发现这张钞票是假的，于是，她很客气地要求经理再给她一张钞票。经理微笑着收回了那张钞票。当然，她被录用了。因为与第二位小姐相比，她在这两方面都做得恰如其分。

公司招聘员工肯定会交付某种任务给应聘者，所以在面试时都会出难题考察其负责程度，以此来确定其是否值得信任，所以应试者在面试时，一定先要弄清所招聘职位的性质，然后总结出这种职位的基本要求和特殊要求，然后再对应聘单位的试题进行合理的对答。

# 设置障碍：快速洞察对方心理的钥匙

以前用人单位考察人才，主要依靠的是个人档案，因为档案记录了一个人的全部秘密。这个方式看起来很严密，其实仔细推敲就会发现漏洞很多，因为尽管档案是死的，但是记录档案的人却是活的。一旦书写档案记录的人不实事求是、弄虚作假，就会出现活人被死档案坑害一辈子的事。

自从出现外资企业和民营企业之后，传统的靠档案用人的制度被彻底打破了，企业用人不再只重视档案，改为重视本人的实际能力和表现，用"面试"和"试用期"取代了过去的个人档案。不管你曾经有过怎样的档案，不管你有怎样的学历，甚至不管你的学历是真是假，企业更加看重的是你的实际工作能力和工作态度。而具体考察一个人的能力和态度的方式，正是通过应试者在面试中的表现来判断的。

关于这一点，我一直对一个面试的故事印象深刻、记忆犹新，虽然记得不是特别清楚，但还是愿意拿出来与大家分享。

有一家企业通知一个名牌大学的大学生第二天去公司参加面试。面试的地点就在总部大楼第10层的1001房间。

第二天，这位大学生好好地打扮了一番自己，打了个车直接来到总部大楼的一层。一楼的保安看到他后，问有什么事情可以效劳的。大学生告诉保安自己是来面试的，就在10楼的1001房间。

保安给10楼的这家公司打了电话，并告诉这个面试的学生说10楼的这家公司并没有安排什么面试，是不是他自己搞错了，让他请回。

大学生吃了"闭门羹"后就回到了宿舍，这只是他众多面试中的一场，虽然这种情况比较少有，他却并不在意。过了几天，那家面试的公司给他发来了电子邮件，告诉他面试已经结束了，他没有被录取。

在邮件中，这家公司告诉他，其实保安的刁难就是公司的面试。保安根本没有给公司打电话，可在一层大楼还有其他电话，面试的人完全可以用其他的电话打给公司、询问情况。此外，除了保安看守的电梯，还有好几个电梯可以直接进入10楼。而他竟然那么早就放弃了，这也是公司为什么不能用他的原因。

没有任何公司希望拥有这样的员工，因为他们没有可塑性。在工作中会有很多的阻力与麻烦，有些人是在遇到第一个阻力时就放弃了目标；有些人是解决了一些容易的问题，一旦遇到较大的困难就放弃了；有些人是在成功之前的最后一道难关时放弃了。

从结果来看，他们都没有办好事情，没有把事情做到位，但可以肯定的是，他们今后成功的概率肯定会有所不同。只要遇到阻力就放弃的人，他们肯定将一事无成。既然这样，应聘单位又何苦招你进公司呢？

所以应试者在面试时一定要对面临的各类事情都表现出积极的态度，努力去克服困难，达到目标，为自己的面试加分。

# 工作中的博弈——成就事业的法则

# 完成内驱力：人们不应该害怕半途而废

倘若信才写了一半，钢笔突然没有墨水了，你是随手拿起另一支笔继续写下去，还是四处寻找一支颜色相同的笔？在寻找时思路会不会又转到别的方面去了，而丢下没写完的信不理？或者，你是否被一本间谍小说迷住了，哪怕明天早上有一个重要会议，也要读到凌晨4点仍不释卷？

又或者，你突然爱上了编织。每天回到家的第一件事情就是拿起编织针，煞是正经地织着毛衣。虽然只是重复动作，却搞得茶饭不思，如果中途被别的事情打断，只要有机会，就能接上。尽管织完了也并不着急穿。

之所以出现这种现象，是因为人们天生有一种办事有始有终的驱动力。

1927年，心理学家蔡戈尼做了这样一个实验：她将受试者分为甲乙两组，让他们同时演算相同的、并不十分困难的数学题。让甲组人一直演算完毕，而在乙组人演算中途，突然下令他们停止。然后让两组人分别回忆演算的题目。其结果表明，乙组人记忆成绩明显优于甲组人。

这是因为人们在面对问题时，尽管全神贯注，等到问题一旦被解开了就会松懈而不再在意，故很快便忘记了。而对解不开或尚未解开的问题，人们则会想尽一切办法去解开它，因而也就潜藏在大脑里。

这种解答未遂的问题，深刻地留存在记忆中的心态叫"蔡戈尼效应"。人们之所以会忘记已完成的工作，是因为欲完成的动机已经得到满足。如果工作尚未完成，这一动机便使他对此留下深刻印象。

关于这种心理，曾有过这样一段佳话：一位爱睡懒觉的大作曲家的妻子为使丈夫起床，便在钢琴上弹出一组乐句的头三个和弦。作曲家听了之后，辗转反侧，最终不得不爬起来，弹完最后一个和弦。趋合心理促使他在钢琴上完成他在脑中早已完成的乐句。

对大多数人来说，蔡戈尼效应是推动我们完成工作的重要驱动力。但是有些人会走向极端，要么因为拖拉永远也完不成一件事，要么非得一口气把事做完不可。这两种人都需要调整他们的"完成内驱力"。

一个人做事半途而废，也许只是因为害怕失败。他永远不去把一件作品完成，以避免受到批评；同样，只愿永远当学生而不想毕业的人，也许是因为这样就可不必到社会上去工作；也可能由于他在潜意识中就不相信自己会成功，于是害怕成功，因此也就下意识地逃避成功。

泰克医生为有这种心理的人提出了一个解决的方法，他说："如果你精力集中的时间限度是10分钟，而工作要1小时才能做完。那么，你的脑筋一开始散漫你就要停止工作，然后用3分钟的时间活动筋骨，例如跳几下、去倒一杯水，或是做些锻炼肌肉的运动。活动过后，再把另一个10分钟花在工作上。"

而一个非把每件事都做完不可的人，则可能会导致生活没有规律、太紧张、太狭窄。这类人只有减弱过强的内驱力，才可以一面做事一面享受人生乐趣。不把工作做完就不罢休的人可能是个工作狂。其实如果把这种态度缓和一下，不仅能使你在周末离开办公室，还能让你有时间去应付因工作狂带来的问题，例如自我怀疑、感觉自己能力不够或因不能应付而紧张等等。

另一方面，非做完不可的人为了避免半途而废，很可能会把自己封死在一份没有前途的工作上。兴趣一旦变成狂热，就可能是一个警告信号，表示过分强烈的"完成内驱力"正在渐渐主宰你的消遣活动。就像我们可能都遇到过像华尔德所说的这种事情："我有个朋友她强迫自己织完一件毛衣，现在，她虽然不喜欢那件毛衣，却觉得非穿不可。"所以，对于某些事，人们真的不应该害怕半途而废。

那怎样才能把脱缰之马一般的"完成内驱力"抑制住呢？

第一，在看事物的时候运用自己的价值观标准，如果我们发现一个工作计划不值得做，那么我们就勇敢地放弃它。

第二，编制一个时间表，把必须做的事以及要花费的时间写下来。努力培养出一种较合实际的意识，把期限定在要求办妥的时间以前。如果有笔账必须在2月1日缴付，那就预订在1月25日付出。

第三，一点一滴地强化意志力，我们可以先从一件小事开始训练自己，比如强迫自己在洗碗槽里留下几只碟子不洗；看一本书的时候，尝试中间休息一下，想想自己是否在浪费时间和精力。如果连你自己都觉得是，那你还要不要继续看下去？

## 双赢理论：合作为每个人营造了自由发展的空间

上帝向一个人允诺说："我可以满足你三个愿望，但有一个条件——在你得到想要的东西时，你的敌人将得到你所得到的双倍。"于是这个人提出了自己的三个愿望：第一个愿望是想要一大笔财产，第二个愿望还是要一大笔财产，第三个愿望却是："请你把我打个半死吧！"

虽然这只是一个笑话，但在现实生活中这样的例子却比比皆是。

人们与生俱来就有这种竞争的天性，每个人都希望自己比别人强，每个人都不能容忍自己的对手比自己强。因此，在面对利益冲突的时候，人们往往会选择竞争，即使拼个两败俱伤也在所不惜。即使在双方有共同利益时，人们也往往会优先选择竞争，而不是选择对双方都有利的"合作"。

除了竞争的本性，还有很多条件也会对竞争的形成产生影响。

战国时，秦昭襄王对范雎说："天下的贤才武士，以合纵为目标，相聚在赵国，商议共同攻击秦国，我们该如何对付？"

范雎说："大王不必忧愁，让我来破解他们的合纵关系。秦国与天下的贤才武士，并没有什么仇恨呀！他们相聚要来攻打秦国，只是为求自己的富贵。一群狗在一处，卧的卧，立的立，走的走，停的停，不会互相争斗，如果投一块骨头过去，每只狗都会起来抢夺，并且互相撕咬。这是什么原因呢？因为那块骨头，使彼此都起了争夺之意。"

秦王于是派范雎带了五千金，在武安大摆宴会，散给合纵之士的黄金不到三千金，他们就互相争斗起来，根本无暇再策划攻击秦国了。

从这个故事我们可以看到，即使在有共同利益的情况下，因为利益分配的不均匀，以及长期利益与眼前利益的矛盾，人们仍然会选择竞争。

除此之外，心理学家还认为，沟通的缺乏也是人们选择竞争的一个重要原因。如果双方曾经就利益分配问题进行商量，达成共识，合作的可能性就会大大增加。

要消除"竞争优势效应"的副作用，就要推崇"双赢"理论。著名心理学家荣格有这样一个公式："我＋我们=完整的我。"绝对的"我"是不存在的，只有融入"我们"的"我"才是"完整的我"。合作为我们每一个人营造了一个自由的发展空间。因此，合作才是社会的主旋律。

# 最有力的说服：最好的说服，是让对方作出承诺

正如政治家们所说，大选期间的候选人会处于极度压力下，不仅要说服选民支持自己，还要让支持者愿意去为自己投票。至少在美国，候选人会通过电视、传单和其他媒体为自己大力宣传。当然这所需的花费是不菲的。但真正聪明的候选人，才是最后的赢家，他们不仅懂得说服艺术，还懂得其中的科学道理。

以美国2000年总统大选为例，布什以537票的小额优势赢得选举，这意味着人们会比以往更看重每张选票的价值。选举中，整个美国都在关注着大大小小的竞选演说，单个选民出席与否、支持谁，都会对选举结果产生很大影响。那怎样能最简单有效地说服选民前去投票呢？

其实只要事先问问选民会不会去投票，为什么会去投票，就能得到答案。有研究人员在某次选举前夜作了调查，那些被问到上述问题的人出席率比未被问到的要高25%。这是为什么呢？

有两个心理要素在影响他们的行为。

第一，当人们被问到是否会做出社会所希望的行为时，他们会觉得必须回答"是"以赢得社会认同。因为社会认为参加投票是每个公民的义务，所以人们很难说出不想去投票，而想待在家里看电视之类的话。这样，就不难理解为何人们在回答会不会去投票的问题时，都说会去了。

第二，人们公开称自己会做出社会希望的行为后，为了言行一致，会去履行这个承诺。举个例子，一家餐馆通过更改订餐的接待用语，减少了订餐不到（预定了席位，但没有到场，也未打电话取消）的数量。其实餐馆只是把"如果您不能前来就餐，请致电我们帮您取消"改为"您若不能前来就餐，会打电话给我们取消吗？"这样一来，几乎所有的顾客都表示会打电话。更重要的是，一旦作出了这样的承诺，顾客就会觉得自己有责任履行承诺。因此餐馆的订餐不到率从30%降到了10%。

这样看来，政客要让支持自己的选民前去投票也是非常简单的。只要让人给这些选民打个电话，问他们"是否会在下个选举中去投票"，你就等着他们说"是"吧。当然，如果打电话的人再加一句"太好了，我已经记下您的答案了，我会让其他人知道的！"那就更能保证支持者会去投票了，因为这句话有3个能巩固承诺的因素，即承诺的自愿性、活跃性和公开性。

这种方法能用在工作或其他地方吗？

当然可以。如果你想在公司里组织一次郊游，但不确定是否会有足够的人参加。当你正在为这个问题犹豫，考虑到底要不要组织时，你可以先问问同事们的参加意向。这不仅会让你对活动的可行性心中有数，也能让同意参加的人到时真的出现在活动中。

又或者你是位经理，对你来说，新项目的成功不仅要有员工们口头的支持，还要有他们真正的行动。因此，请不要一味强调该项目能带来的收益，试着问问员工们愿不愿意支持你的项目。他们的回答多半是同意的，接下来再问问他们支持的理由。如果你按照这个方法去做，会让你的项目受益不少。

不管你是经理、老师，还是销售员，我们相信这个说服方法会为你赢得重要的一票。

# 狼群法则：团队协作能产生强大的力量

在茫茫的非洲草原上，如果见到一群羚羊在奔逃，那一定是狮子来了；如果见到狮群在躲避，那可能就是象群发怒了；如果见到成百上千的狮子和大象集体逃命的景象，那是什么动物来了呢？最大的可能就是狼群来了！

这种像狗一样的动物，其个体力量在动物界并不是很强，但却是公认的强者。虽然独狼斗不过狮子、大象，但狼群却所向披靡，让那些其他的陆上动物见到它们的团队时战战兢兢。可以说，狼群就是团队合作精神和旺盛斗志的完美结合。

当狼群穿越雪地时，最常使用的队形是"单一纵队"，狼群里的头狼往往扮演着开路先锋的角色。由于需要在雪地中寻找猎物，又要警惕其他天敌的攻击，头狼往往要消耗极大的体能来不断推开眼前柔软无边的积雪。

当纵队的头狼疲惫后，它会移向队伍的旁边，让下一匹狼担任开路先锋；它有时候也会跟在队尾，轻松一下，养精蓄锐，迎接新的挑战。如此，不断替换开路先锋，让狼群的捕猎队员，能够在耗费最少体能的状况下，保留体力以应付即将面对的狩猎挑战。

狼从来不靠运气，它们对即将实施的行动总是有充分的把握。当狼群在雪地中不得不面对比自己强大的猎物时，单列行进的狼群会改变阵势，对敌人群而攻之，直到把猎物变为食物为止。在攻击时，每一匹狼都会尽全力，而不在乎自己是否会受到伤害。

狼群从来不会漫无目的地围着猎物胡乱奔跑、尖声狂吠。它们总会制定适宜的战略，通过相互间不断地沟通将其予以实施。关键时刻，每匹狼都明白自己的作用并准确地领会到集体对它的期望。

猎人、摄影者、研究人员，以及其他有幸目击狼群猎捕实况的人，都会被狼群当时捕猎的场景吓得目瞪口呆，那种震撼只有"大自然的力量"能比拟。下面就是狼群捕猎中最典型的一幕：

一个由6匹狼临时组成的团队，它们的目标是麝香牛群。狼群驱赶着牛群往高地平台上奔逃，当这群麝香牛到达高地顶端时，突然，狼群开始总攻。

最西边的两匹狼在狼王的率领下，闪电般地冲向靠近麝香牛群的山包，在高原中飞奔的狼群，像几枚高速潜行的鱼雷，运载着最锋利、最刺心刺胆的狼牙向麝香牛群冲去。显然这是三面包围的最后一个缺口。抢占了这个山包，包围圈就成形了。这一组狼的突然行动，就像发出三枚全线出击的信号弹。憋足劲的狼群从草丛中一跃而起，从东、西、北三面向麝香牛群猛冲。

狼群冲锋悄然无声，没有一声呐喊，没有一声狼嗥。可是在天地之间，人与动物眼里、心里和胆里却都充满了世上最原始、最残忍、最负盛名的恐怖！

正当这群麝香牛四处惊慌奔逃之际，6匹狼在一瞬间，都变得非常有冲劲，疯狂地扑向那些虚弱且无法受保护的麝香牛，一匹狼紧跟在后面，另一匹狼在前头，其他的狼来到空地。此时大部分麝香牛见到狼群，早已灵魂出窍。许多麝香牛竟然站在原地发抖，有的居然双膝一跪栽倒在地，搏斗迅速结束。

麝香牛一向过于依赖群体的保护，而且没有技术性的攻击计划。狼群轻而易举地解除了麝香牛的武装。和麝香牛群比起来，狼群小得多，但是狼群有策略，它们按捺住了暂时的饥饿和贪欲，耐心地等到了最佳战机。

狼与狼之间的默契配合成为狼成功的决定性因素。几匹分散的狼在捕猎中变成一个合作、有力量、团结的团队，它们都知道自己必须执行的部分，不管做任何事情，它们总能依靠团体的力量去完成。为了集体目标的实现，它们也完全可以牺牲自己。

狼的这种良好的职业精神和最好的分工与合作精神同样适用于我们的工作中。如果我们能够将世俗工作视为神圣，并以最神圣的态度去从事世俗的工作；尊重自然形成的分工与合作，不过分注重职业的形式；极其安心于本职工作，在必要时大家协作做好一件事情，那么我们的工作会更出色。

# 目标策略：请写下你的目标

安利是美国最大的直销公司之一，为了激励员工创造新销售记录，公司规定每一位员工都要如是做：

把制定好的目标写在纸上。不管是什么目标，关键是要有，这样才会有努力的方向。请写下你的目标，写在纸上的东西有神奇的力量，所以，一旦有了目标，就请写下。达到目标后，再制定下一个，再写下来。这样你就会在前进的道路上飞奔起来。

为什么要把目标写下来？即使这个目标只对我们自己公开？因为，积极承诺比消极承诺更能让人们履行责任。

在利用积极承诺来促使人们更好地履行承诺、提高效率这一点上，杰出的效率专家查尔斯·希瓦勃——伯利恒钢铁公司的总裁最有心得。为此他总结了提高效率之道——每天列出最重要的6件事，这个方法怎么来的呢？还得从头说起。

一天，爱维去拜访查尔斯·希瓦勃，并对他说："如果你允许让我和你的每一位下属待上15分钟，我就能提高你公司的效率和销售额。"

希瓦勃很自然地问："我需要付多少钱？"

"不需要，"爱维说，"除非的确有效，3个月以后，你可以寄给我一张支票，给我你认为值得的钱，这足够公平吧？"

希瓦勃同意了。在这家为生存而奋斗的年轻钢铁公司里，爱维每次用15分钟的时间与各级管理人员交谈，并让他们完成一个简单的任务。在以后的3个月里，这些经理每天晚上必须列出一份清单，写出第二天他要做的6件最重要的事。然后，按照事情的重要程度给所有的事情作出排列。爱维告诉他们，当一件事情完成后就把它划掉。你只需按顺序做完这6件事。如果你没有完成，就把它写在第二天的清单上。

3个月实验结束时，伯利恒钢铁公司的员工办事效率和销售额都变得非常高，这让希瓦勃既吃惊又兴奋。随即，他愉快地给爱维寄了一张3.5万美元的支票。

列出清单会迫使你决定哪件任务是最重要的。清单要力求简明扼要，不要过分热心地记下过多必须做的事，这一点很关键。因为你看着那个数字会想：我不可能做完这些。6件是个容易安排的量，当你能轻松地完成所有列出的任务时，你就可以考虑处理更大一些的事情。

　　最重要的是，你必须亲自把它写在纸上。用脑思考一遍是极其容易的，但也很容易导致忽视或延缓去做那些最重要的事，而你是不希望出现这种情况的。当所有的一切被列上清单，这就变成动真格的了。可见，要想提高工作的效率，每天写下工作目标是最好的办法。

# 减压战术：压力过大，就会把动力融化

当一个人处于轻度兴奋时，能把工作做得最好，当一个人一点儿兴奋劲儿都没有时，也就没有了做好工作的动力。相应的，当一个人处于极度兴奋时，随之而来的压力可能会使他完不成本该完成的工作。这就是著名的"倒U形假说"。下面这个故事能很好地诠释这一说法。

从前有一个小和尚，一天，庙里的厨师让他去打油，并且严厉地一遍又一遍地向他交代："你一定要小心，绝对不可以把油洒出来，否则罚你做一个月苦力。"

小和尚答应着，胆战心惊地下了山。在厨师指定的店里打好油后，小和尚踏上了回寺的路程。一路上，小和尚都在想着厨师凶恶的表情和严厉的告诫，小心翼翼地端着装满油的大碗，每一步都走得提心吊胆。

眼看就要走到庙门口了，没想到小和尚一不留神踩进了一个大坑里，碗中的油洒掉了1/3，他越发紧张，手脚也开始发抖。等见到厨师时，碗中的油只剩下了一半。

厨师自然很生气，骂小和尚是个笨蛋，都交代过要小心了，还是洒了这么多！

难过的小和尚边走边哭，正巧这一幕被方丈看到了。他慈祥地对小和尚说："我再派你去买一次油，这次我要你在途中多观察你看到的人、事、物，并回来向我详细描述。"

第二次打油归来，小和尚在回庙的途中遵照方丈的嘱咐观察路边的风景：雄伟的山峰，耕种的农夫，欢快的孩子在路边的空地上玩耍，两位白发老先生兴致勃勃地下棋……就这样小和尚不知不觉回到了庙里。当小和尚把油交给方丈时，发现碗里的油一点儿也没洒。

厨师的苛刻要求，让小和尚无比的紧张，结果使油洒了一半，方丈却恰恰相反，只在意过程，结果小和尚精神放松，碗里的油一滴未洒。

最早对工作压力与工作业绩之间的关系进行研究的是耶基斯和多德林。在早期的研究中，他们对老鼠进行实验，结果显示在刺激力与业绩之间存在着一种倒U关系，这就是著名的"耶基斯和多德林法则"。

这个法则认为，有一种最佳的刺激力能够使业绩达到顶峰状态，对于处在各种工作状态中的人来说，过大或过小的压力都会使工作效率降低。也就是说，压力较小时，工作缺乏挑战性，人处于松懈状态，效率不高；当压力逐渐增大时，压力成为一种动力，它会激励人们努力工作，效率将逐步提高；当压力达到人的最大承受能力时，人的效率才会达到最大值；但当压力超过了人的最大承受能力之后，压力就成为阻力，效率也就随之降低。

良性的压力会驱使人们对工作更努力，把事情做得更好；而负面压力或压力过重会有不良影响，引起人们生理和心理上的病症，同时，还有可能导致行为改变，如酗酒或服用镇定剂。在长期处于压力或过重压力之下，人们的身体最终会因无力招架而崩溃。他们可能会患上冠心病、高血压等生理疾病以及抑郁症和焦虑等心理疾病。

# 自我改造：不要画地自限

要想跨越自己目前的成就，就不要画地自限。只有勇敢接受挑战，你才会超越自己、不断"长大"；只有勇于接受挑战充实自我，你才会超越自己，发展得比想象中的更好。

爱迪生研究电灯时，工作难度出乎意料的大。1600种材料被他制作成各种形状用做灯丝，效果都不理想，要么寿命太短，要么成本太高，要么太脆弱工人难以把它装进灯泡。全世界都在等待他的成果。

半年后人们失去了耐心，纽约《先驱报》说："爱迪生的失败现在已经完全被证实，这个感情冲动的家伙从去年秋天就开始研究电灯，他以为这是一个完全新颖的问题，他自信已经获得别人没有想到的用电发光的办法。可是，纽约的著名电学家们都相信，爱迪生的路走错了。"

英国皇家邮政部的电机师普利斯在公开演讲中质疑爱迪生，他认为把电流分到千家万户，还用电表来计量，是一种幻想。煤气公司竭力想说服人们（人们还在用煤气灯照明）：爱迪生是个吹牛不上税的大骗子。就连很多正统的科学家都认为他在想入非非，有人说："不管爱迪生有多少电灯，只要有一只寿命超过20分钟，我情愿付100美元，有多少买多少。"有人说："这样的灯，即使弄出来，我们也点不起。"

无论别人说什么，爱迪生都毫不动摇。在进行这项研究一年之后，他终于造出了能够持续照明45小时的电灯，完成了对自己的超越。

经过自己的坚持和努力，爱迪生不但促成了自己的蜕变，牢牢树立了自己在世人心目中"伟大的发明家"的地位，而且促成了人类生活方式的一次大变迁。正是因为有了他的这项发明，人类才真正进入了电气时代。

对自己或对工作不满的人，首先要把自己想象成理想中的自己，并且拥有极好的工作机会；其次假定现在的自己和工作就和想象的一样；最后再采取行动。如果人们耐心地进行这种自我改造，就能发挥个性中本就具有的强大精神力，使自己和工作完全按照理想的样子发生改变，从而取得成功。

# 日清日毕：拖延，只会耽误工作、浪费人生

日清日毕是"日事日毕，日清日高"的简称，意思是当天的工作当天完成，而且当天的工作质量要有提高。

这中间包含了管理大师彼得·德鲁克的目标管理思想。在管理中比较聪明的办法是把一个大的目标分解成一年一月甚至一天的小目标，实现了每一天的小目标，大的目标自然就实现了。每天一丁点儿的进步既是脚踏实地，又能构建起宏伟的梦想。

任何事情如果没有时间限定，就如同开了一张空头支票。只有懂得用时间给自己压力，到时才能完成任务。所以你最好制定每日的工作时间进度表，记下事情，定下期限。每天都有目标，也都有结果，日清日新。在众多的企业中，海尔就是日事日毕的一个典型代表。

海尔在实践中建立起了一个每人、每天对自己所从事的工作进行清理、检查的"日日清"控制系统。案头文件，急办的、缓办的、一般性的材料的摆放，都是有条有

理、井然有序，下班的时候，椅子都放得整整齐齐。

"日日清"系统包括：

一是"日事日毕"，即当天发生的各种问题，在当天弄清原因，分清责任，及时采取措施进行处理，防止问题积累，保证目标得以实现。如工人使用的"3E"卡，就是用来记录每个人每天对每件事的日清过程和结果。

二是"日清日高"，即对工作中的薄弱环节不断改善、不断提高，要求职工"坚持每天提高1%"，100天工作水平就可以提高一倍。

同时，还根据人们做事拖延的原因制定了相应的对策：

1.如果你不喜欢工作内容，觉得工作枯燥乏味，那么就把事情交给下属，或雇佣公司外的专职服务，一有可能，就让别人来做。

2.如果你的工作量过大，任务艰巨，面临看似没完没了或无法一下子完成的任务时，那么就将任务分成自己能处理的零散工作，并且从现在开始，一次做一点，在每天的工作任务表上做一两件事情，直到最终完成任务。

3.如果你的工作不能立竿见影取得成果或者效益，那么就设立"微型"业绩。要激励自己做一项几周或几个月都不会有结果的项目很难，但可以建立一些临时性的成就点，以获得你所需要的满足感。

4.如果你工作受阻，不知从何下手，那么可以凭主观判断开始工作。比如拟写一个工作计划，如果你不知是否能有效执行，那么就凭主观先起草一个，假如在运行中不适合，再进行修改。

海尔给出的激励制度让每个人都能劳有所得，干了不白干，考核反馈制度又能让每个人都知道今天到底做得怎么样，让自己心里有数，这就是最好的精神激励法。

如今，海尔集团在短短16年内从年销售额348万元的小厂发展成了年销售额406亿元的大型家电集团。

许多去海尔取经的企业抱怨日清日毕没有效果，并不好用。的确，如果他们知道了日清日毕背后还有这么多用以支持的思想和制度，就应该明白日清日毕是要经历一个由简到繁再化繁为简的过程的，简并不等于容易。

人性本身是放纵、散漫的，表现就是对目标的坚持、时间的控制等做得不到位，事情就不能按时完成。如果拖延已开始影响工作的质量时，就会蜕变成一种自我怠误的形式。当你肆意拖延某个项目，花时间来削大把大把的铅笔，或者计划"一旦……"就开始某项工程时，你就为自我怠惰找到了借口。

巧妙的借口，或有意忙些杂事来逃避某项任务，只能使你在这种坏习惯中愈陷愈深。今日不清，必然积累，积累就拖延，拖延必堕落、颓废。延迟需要做的事情，会浪费工作时间，也会造成不必要的工作压力。

## 摆脱忧虑：忧虑是成功的绊脚石

卡瑞尔是一个很聪明的工程师，他开创了空气调节器的新时代。

卡瑞尔年轻的时候在水牛钢铁公司做事。一次，他到水晶城的匹兹堡玻璃公司——一座花费好几百万美金建造的工厂，去安装一架瓦斯清洁机，目的是消除瓦斯里的杂质，使瓦斯燃烧时不至于损伤到引擎。这种清洁瓦斯的方法是新方法，以前只试过一次，当他到密苏里州水晶城工作的时候，很多事先没有料想到的困难都出现了。经过一番调整之后，机器可以使用了，可是效果并不能达到他所保证的程度。

卡瑞尔对自己的失败非常吃惊，觉得好像是有人在他头上重重地打了一拳。他的胃和整个肚子都开始翻涌起来，有好一阵子，他担忧得简直没有办法睡觉。

最后，他觉得忧虑并不能够解决问题，忧虑的最大坏处就是会毁了自己集中精神的能力。因为在自己忧虑的时候，思想会难以集中，从而丧失正确判断事物的能力。

卡瑞尔根据自身的体会感受，总结出了一个不需要忧虑就可以解决问题的办法，结果非常有效，即著名的"卡瑞尔公式"。这个办法非常简单，任何人都可以使用，其中共有三个步骤：

第一步，先冷静而诚恳地分析整个情况，然后找出万一失败可能发生的最坏情况。

第二步，找出可能发生的最坏情况之后，让自己在必要的时候能够接受它。你可以对自己说："这次的失败，在我的纪录上会是一个很大的污点，可能我会因此而丢掉差事。但即使真是如此，我还是可以另外找到一份差事。"

第三步，面对最坏的情况，并镇定地想办法改善它。当我们强迫自己面对它，并在精神上接受它之后，我们就能够衡量所有可能的情形，使我们处在一个可以集中精力解决问题的状态中。

# 保持热忱：做"失败"的头号敌人

没有什么比失去热忱更使人觉得垂垂老矣。精神状态不佳，一切都将处于不佳状态。可见，积极的心态对我们的人生具有重要的作用。

罗尔夫·斯克尼迪尔是享誉全球的制表集团公司的总裁。当人们问及他从事制造高精密度手表多年中最坚信的理念是什么时，他回答道："永不低头，做'失败'的头号敌人。"

鲍勃在一家快速消费品公司已经工作了两年，一直是不温不火的状态，待遇不高，但能学到东西，比较锻炼人，薪水也马马虎虎过得去。但最近和一些老朋友交流过程中，他发现大家都发展得不错，好像都比自己好，这使得他开始对自己目前的状态不满意了，考虑怎么和老板提加薪或者找准机会跳槽。

终于，他找了一次单独和老板喝茶的机会，开门见山地向老板提出了加薪的要求。老板笑了笑，并没有理会。

于是，他对工作再也打不起精神来，开始敷衍应付起来。一个月后，老板把他的工作移交给其他员工，大概是准备"清理门户"了。他赶紧知趣地递交了辞呈。可令他始料不及的是，接下来的几个月里，他并没有找到更好的工作，招聘单位开出的待遇甚至比原来的还差了。

由于心态的错位与失衡，鲍勃失去了那份还过得去的工作，而且，他的下一份工作还不如以前。

与鲍勃相比，道尼斯的经历则恰恰与鲍勃相反。

道尼斯先生来到一家进出口公司工作后，晋升速度之快，令周围所有人都惊诧不已。一天，道尼斯先生的一位知心好友怀着强烈的好奇心向他询问了这个问题。

道尼斯先生听后无所谓地耸了耸肩，用非常简短的话答道：

"这个嘛，很简单。当我刚开始去杜兰特先生的公司工作时，我就发现，每天下班后所有人都回家了，可是杜兰特先生依然留在办公室工作，而且一直待到很晚。另外，我还注意到，这段时间内，杜兰特先生经常寻找一个人帮忙把公文包拿给他，或是替他提供些重要的服务。于是，我下了决心，下班后，我也不回家，待在办公室内。虽然没有人要求我留下来，但我认为自己应该这么做，如果需要，我可以为杜兰特先生提供他所需要的任何帮助。就这样，时间久了，杜兰特先生养成了有事叫我的习惯。"

两种不同的心态，两个相反的结果。对于两个人的职业道路，心态起到了决定性作用。

具有消极被动心态的人，他们只是指责和抱怨，并一味逃避。他们不思索关于工作的问题：自己的工作是什么？工作是为什么？怎样才能把工作做得更好？他们只是被动地应付工作，为了工作而工作，不在工作中投入自己全部的热情和智慧，只是机械地完成任务。这样的员工，是不可能在工作中做出好的成绩并最终拥有自己的事业的。

以积极主动的心态对待你的工作、你的公司，你就会尽职尽责完成工作，并在工作中充满活力与创造性，你就会成为一个值得信赖的人，一个老板乐于雇用的人，一个可能成为老板得力助手的人。更重要的是，你终将会拥有自己的事业。

有一条永远不变的真理：以积极的心态对待工作，工作也会以积极的回报回馈于你。

人与人之间只有很小的差异，但这种很小的差异却往往造成了巨大的差别！很小的差异就是所具备的心态是积极的还是消极的，巨大的差别就是成功与失败。成功人士的首要标志，就在于他们有积极的心态。一个人如果有积极的心态，能够乐观地面对人生，乐观地接受挑战和应付麻烦事，那他就成功了一半。

# 日常生活中的博弈——练达人生的心理智慧

# 改变心态：谁扰乱了你的方寸？

弗洛姆是美国著名的心理学家。一天，几个学生向他请教：心态对一个人会产生什么样的影响？他微微一笑，什么也没说，而是把他们带到了一间黑暗的房间里。

在弗洛姆的引导下，学生们很快就穿过了这间伸手不见五指的神秘房间。接着，弗洛姆打开了房间里的一盏灯。在这昏黄如烛的灯光下，学生们看清楚了房间的布置，不禁都吓出了一身冷汗。

原来，这间房间的地面是一个很深很大的水池，池子里蠕动着各种毒蛇，包括1条大蟒蛇和3条眼镜蛇。有好几条毒蛇正高高地昂着头，朝他们吱吱地吐着芯子。水池上面有一座桥，刚才他们就是从这座桥上走过去的。

弗洛姆看着学生们，问："现在，你们还愿意再次走过这座桥吗？"大家你看看我，我看看你，都不做声。

"啪"，弗洛姆又打开了房间里的另外几盏灯。学生们揉揉眼睛仔细一看，发现在小木桥的下方安着一道安全网。

弗洛姆大声问："你们当中有谁愿意现在就通过这座小桥？"学生们仍然没有人做声，谁也不敢上前。

"现在看到了安全网，你们为什么还是不敢过桥呢？"弗洛姆问道。

"这张安全网的质量可靠吗？"一个学生心有余悸地反问道。

弗洛姆笑了："我可以解答你们当初的疑问了。这座桥本来不难走，可是桥下的毒蛇给你们造成了心理威慑。于是，你们就失去了平静的心态，乱了方寸、慌了手脚，表现出各种程度的胆怯。其实，水池里那些蛇的毒腺早已被除掉了。"

人生也是如此。在面对各种挑战时，也许失败的原因不是因为势单力薄，不是因为智力低下，也不是因为没有把整个局势分析透彻，而是因为把困难看得太清楚，以至于被困难吓倒、举步维艰。

很多时候，人们做事之所以会半途而废，往往也是因为被未知的困难吓倒，觉得成功离自己很远。

# 自我设限：谁限制了你的发展？

如果一个人的选择进入的是良性循环的轨道，他会变得越来越成功。但如果顺着原来错误的路径往下滑，那就只能在"自我设限"中打转。生物学家曾做过这样一个有趣的实验：

他们往一个玻璃杯里放进一些跳蚤，不过跳蚤立即轻易地跳出了杯子。他们重复了几遍实验，但结果都一样。根据测试，跳蚤跳的高度均在其身高的100倍以上。跳蚤称得上是动物界的跳高冠军了。

接下来，实验者把这些跳蚤再次放进杯子里，同时在杯口加上了一个玻璃罩，"嘣"的一声，跳蚤重重地撞在玻璃罩上。跳蚤十分困惑，但是它们不会停下来，因为跳蚤的生活方式就是"跳"。但是一次次地被撞经历，使跳蚤变得聪明起来，它们开始根据玻璃罩的高度来调整自己所跳的高度。一段时间后，这些跳蚤再也不会撞到玻璃罩，而是在罩下自由地跳动。

几天后，实验者悄悄地拿掉了玻璃罩。跳蚤不知道玻璃罩已经被去掉了，还是按原来的高度继续跳跃。一周后，那些可怜的跳蚤还在这个玻璃杯里不停地跳动——其实它们已经无法跳出这个玻璃杯了。它们已从一只只跳蚤变成了一只只可悲的"爬蚤"！

后来，生物学家在玻璃杯下放了一个点燃的酒精灯。不到5分钟，玻璃杯被烧热了，所有的跳蚤在感应到热量之后发挥了求生的本能，再也不管头是否会被撞痛（因为它们都以为还有玻璃罩），奋力跳起，结果全都跳出了玻璃杯。

现实生活中，有许多人也在过着这样的跳蚤生活。年轻时意气风发，一次次尝试成功，但是往往事与愿违，屡屡失败。几次失败以后，他们便开始怀疑自己的能力，把过去的失败牢牢地刻在记忆中。他们一再降低成功的标准，看不到形势的变化，以为过去办不到的事情，今天同样也办不到。他们不敢努力向前，不敢冲破自我限制，常常是在距离成功只有一步之遥的地方放弃了。

另外，当一个人在遭遇失败或受到挫折后，还会产生绝望、抑郁、意志消沉的情绪，从而错失下一次机会，永远生活在失败的阴影中，找不到成功的出路。

跳蚤变成"爬蚤"并不是跳蚤本身已失去跳跃的能力，而是由于一次次受挫后学乖了、习惯了、麻木了。社会学家把这种失败暗示的心理现象称为"自我设限"。

"自我设限"是很多人无法取得成功的根本原因之一。他们不敢追求成功，并不是他们追求不到成功，而是因为他们的心里已经默认了一个"高度"。这个"高度"常常使他们受限：这件事是没有办法做到的。其实，成功并没有想象中的那么难，"高度"并非无法超越，只是我们无法超越自己的思想限制罢了。

实际上，许多障碍刚开始在我们眼里都是沉重和无奈的，但是等到我们鼓足勇气克服以后，就会发现它不过是一层窗户纸而已，克服它并没有想象中的那么难。你需要的只是调整心态，走出失败暗示的心理阴影，所以在没有结果前，不要轻易放弃任何一个机会。

林肯在给马维尔的信的末尾也说："有些事情一些人之所以不去做，只是因为他们认为不可能。其实，有许多不可能，只存在于人的想象之中。"只要你走出自我限制、相信自己、想着成功，成功的景象就会在内心形成。

# 欲壑难平：谁影响了你的幸福？

想不想换一个工资更高的工作？

当然想。

为什么要追求更多的工资呢？

为了生活更富裕。

生活更富裕为了什么呢？

如果乞丐比比尔·盖茨更加快乐，我们是应当羡慕比尔·盖茨还是羡慕乞丐？如果幸福只是一杯巧克力冰淇淋，这个世界也许会美好许多。

著名经济学家保罗·萨缪尔森有一个著名的幸福公式：幸福=效用/欲望。在他看来，幸福取决于两个因素：效用与欲望。

显然，萨缪尔森的幸福公式说明，我们的幸福生活就是过上"令人满意"的生活。当欲望既定时，人的幸福就取决于效用，效用越大越幸福；当效用既定时，欲望越小越幸福。总之，效用越大越幸福，欲望越低越幸福。

从个人和家庭的角度来看，欲望就是过上高品质的生活，子女受到良好教育，能满足自己的爱好，能过上养尊处优的晚年，一生平安，无忧无虑。

一份20世纪末的社会调查问卷就曾关注"快乐"这个主题。调查的结果显示：美国人快乐水平是比较高的，60%的人感到自己是快乐的。而中国大陆的情况却令人沮丧：只有10%的人认为自己快乐。其他各国情况不一。

在某一阶段内，幸福最大化＝效用最大化＝收入最大化。但是无论多富有的人，他所拥有的财富都是有限的，即便衣食无忧的人，如果他有无穷愿望，则难免"欲壑难平"。人的欲望总是无穷无尽的，所以，从某种角度来看，无论效用有多大，与无限的欲望相比，幸福都等于零。

科恩说："大多数人都不知道幸福是什么。他们只知道只要有钱、有好车、有大房子，就是幸福。但是有了钱、有了好车、有了大房子的人，却并不比其他的人幸福。"其实，学会享受生活，珍惜所拥有的，就是幸福。

# 奢侈的热病：谁挑动了你的欲望？

在18世纪的法国，有个叫丹尼斯·狄德罗的哲学家。有一天，朋友送他一件质地精良、做工考究、图案高雅的酒红色睡袍，狄德罗非常喜欢。可一天，他穿着华贵的睡袍在家里踱来踱去时，却发现越踱越觉得家具不是破旧不堪，就是风格不对，地毯的针脚也粗得吓人。

慢慢地，旧物件挨个儿更新。先是桌子，然后是椅子、地毯，最后书房也终于跟上了睡袍的档次，狄德罗终于坐在帝王气十足的房间里了，可他却觉得很不舒服，因为"自己居然被一件睡袍胁迫了"。他把这种感觉写成文章，题目就叫《与旧睡袍别离之后的烦恼》。

200年后，美国哈佛大学经济学家朱丽叶·施罗尔读到了这篇文章后，发出了相同的感慨，并在她出版的《过度消费的美国人》一书中，提出了一个新概念——"狄德罗效应"，即新睡袍导致新书房、新领带导致新西装的攀升消费模式。

康奈尔大学的经济学教授罗伯特·弗兰克也信仰简单主义，他在出版的《奢侈是一种热病》一书中讲了一个烧烤架的故事，与狄德罗的睡袍的故事有异曲同工之效。

在20世纪80年代，弗兰克教授花100美元买了一个烧烤架。后来烤架的点火钮坏了，架板也生了锈。弗兰克教授在修理它还是买新烤架的抉择中，犹豫了很久。当弗兰克教授最终决定还是去买一个新烤架的时候，才发现烧烤产品的进步是那么快。

弗兰克教授的旧烤架可同时烤上两只火鸡、一只小乳猪和40斤玉米，这些功能对弗兰克教授来说已经足够了。当他得知这种烤架已经很落后，而换代产品售价5000美元时，他简直无法想象其功能会是什么样。

弗兰克教授最后还是选择了修烤架，拒绝出巨资购买功能远远超出实际需要的烤架。但并不是每个人都那么想，因为新烤架在美国的年创产值已经达到12亿美元。为此，弗兰克教授深刻地感觉到，这种无意义的先进产品正驱赶着人们不断消费，人们对奢侈品的盲目欲望就和热病一样蔓延。

由俭入奢易，由奢入俭难。狄德罗效应无处不在，奢侈的热病又四处蔓延，要想让人们回归简单，真的没有想象的那么容易。

# 摒弃攀比：你为什么过得不快乐？

10年前，一个有钱人乘快艇到太平洋的小岛上玩，出来迎接的岛民对他说："你们有钱人真好，真羡慕你们啊！"而这个人却回答说："别开玩笑了，我才羡慕你们呢！我努力工作存钱，好不容易找到一个空闲的假期才可以来南方的岛上游玩，哪像你们可以每天享受生活，你们才是令人羡慕的呢！"

生活虽然不是很富裕，却安全和平；可以获得很多物质的人会陷入"这是理所当然"的错觉中，而变得更贪得无厌，羡慕别人。

有的人一直抱怨"因为我没学历，所以不能出人头地，真羡慕那些高学历的人"或"我的身体没有别人好，所以做什么都不行"。

幸福的效用是需要在比较中得以凸显的，比如你最近在上海的市中心买了一幢别墅，你觉得很开心。但实际上你觉得开心只有很少一部分是因为你住进了这样的房子里，更多的是因为比较而产生的。

从时间性比较来说，如果你以前住在阁楼里，那么现在你住别墅就会感到非常幸福；如果你以前住的是花园洋房，那么你不会感到特别开心。从社会性比较来说，如果你和你周围的人（你的朋友同事）进行比较时发现，其他人都还住在普普通通的公房里，而你已经有自己的别墅了，你当然会很开心；如果说你周围的人现在已经住在更好的地方了，那么就算你住在别墅里也不会开心。正所谓"人比人，气死人"。

成功学创始人拿破仑·希尔认为：如果想要实现成功的愿望，有一点要注意，那就是不要拿别人和自己比较。不要有"因为某人这样，所以我也要这样""某人有那个东西，所以我也要一个""明明某人是那样，而我却条件不好、环境不好"的思想。

拿破仑·希尔举了一个这样的例子：莉莎和艾伦是一起长大的好朋友。随着年龄的增长她们走向了社会，但莉莎开始羡慕起艾伦来。因为艾伦已经去国外旅游好几次了，但她却直到现在也没有出过国。"艾伦每次去国外，都像是炫耀似的搜集各种名牌货回来。我明年也要出国！而且要去艾伦还没去过的法国，买更多的名牌货。"莉莎心想。

有了这一决心的莉莎，因为定期存款到期和拿到比预想更多的奖金，所以愿望出乎意料地很快实现了。她利用暑假来到了神往已久的法国。但是，旅行本身却并不能说愉快，理由有两个：

一是因为她并非真的像艾伦那样热衷名牌，即使买到最新的名牌货，也不会有满足感，甚至产生了"实在不该花了这样一大笔钱"的后悔念头；另一个就是食物的问题，对莉莎来说，每天吃法国餐使其食欲减退，最后发展到一看到食物就觉得厌恶。

对于莉莎来说，想去法国旅行的愿望并没有伴随着"无论如何也要""绝对"等从心里涌出的强烈欲望，只是纯粹地要和艾伦比较，满足所谓"想和她站在同等地位或自己要占上风"的虚荣心。

如果有"别人是这样，所以我也要这样"的念头的话，就要好好地想一想："自己是真正希望这样子的吗？"不要总看邻居的草坪比较绿，要回过头来看看自己的花园更适合种植哪一种花草才对。多关注自己的生活，关注自己内心的感觉，少一些无谓的攀比、无谓的忧虑，固守自己想要的，珍惜自己得到的，身在幸福中时才不会错过这种美好的感觉。

## 得失之患：谁决定了你的心情？

柠檬属于柑橘类水果，果实呈椭圆形，果皮呈黄色，果实汁多，芳香扑鼻，味酸微苦，不能像其他水果一样生吃鲜食。柠檬二三月份成熟，味道很酸，所以孕妇、肝虚者很喜欢吃，又有"宜母子"或"宜母果"的美誉。

有一次卡耐基先生去访问芝加哥大学校长，向校长请教怎么处理忧虑才会有效，校长回答说："我一直遵循西尔斯百货公司总裁罗森华的建议——你手上如果有一个酸柠檬，就做杯可口的柠檬汁吧！"

但是，一般人却刚好反其道而行之。如果某人发现命运送给他的是一个柠檬，那些愚蠢的人会立即放弃，并对自己说："完了！我的命运太糟糕了！完全没有希望了！"于是他处处与世界作对，并且沉迷于自怜之中。如果命运把柠檬给的是个聪明人，他会问自己："从这次不幸中，我能够学到什么呢？在这次经验中，我发挥了哪些优点呢？我怎样做才能改善目前的处境呢？怎样才能把柠檬做成柠檬汁呢？"

罗斯福还未当美国总统时有一次家中被盗，知道这一消息的朋友纷纷向他表示安慰。但他并没有把这一问题看得十分严重，而是说："这实在是一件值得庆贺的事。第一，他只偷去我的财产，而没有要我的性命；第二，他偷去的只是我的部分财产，而不是我的全部财产；第三，做贼的是他，而不是我。"

人之所以不快乐，往往就是因为钻"牛角尖"所致。他们常常陷入得失之中不能自拔，或者误认为某一关口就是人生的终结。实际上，只要跳出那些心灵圈套，就立即海阔天空了。不要怨恨自己的命运不好，不要抱怨自己的处境恶劣。换个角度，哪怕简单地松弛一下，也有可能从恶劣的情绪中走出来。不仅如此，说不定当初被你看成悲剧的，换一个角度来看却是喜剧。

逆境给人的受挫感固然会增添心灵上的痛苦，但也可能把人锻炼得更加成熟和坚强。因此，掌握一套对付心理挫折的防卫方式，有助于恢复心理平衡。卡耐基先生曾多次说过："真正的快乐不见得是从享乐中得到的，它多半是来自一种对困难的征服。"我们的快乐还会来自一种战胜失败的成就感，一种超越挫折的胜利，一次将命运的酸柠檬榨成可口的柠檬汁的经验。

## 活在当下：什么时间最重要？

一天傍晚，一位美丽的少妇坐在岸边的一棵大树旁，梳洗着自己的头发，一位老渔夫在湖边泛舟打鱼，这是一幅多么美丽的风景画。可是，当老渔夫撑船准备划向湖心时，却听到身后传来"扑通"一声巨响，他回头察看，发现原来是那位美丽的少妇投河自尽了。老渔夫急忙调转船头，向少妇落水的地方划去，跳进水里，救起了她。

"你年纪轻轻的，为何寻短见？"老渔夫问。

"我结婚才两年，丈夫就遗弃了我，接着孩子又病死了，我无依无靠，没有什么精神寄托了，你说，我活着还有什么乐趣？"少妇哭诉道。

"两年前你是怎么生活的？"老渔夫问。

少妇的眼睛亮了："那时我自由自在、无忧无虑，生活得无比幸福……"

"那时你有丈夫和孩子吗？"

"当然没有。"

"可是现在，你同样是没有丈夫和孩子呀！你不过是被命运之船又送回了两年前，现在你又自由自在、无忧无虑了。记住！孩子，那些结束对你来讲应该是一个新的起点。"

少妇仔细想了想，猛然醒悟，心中又燃起了新的生活希望。

人生在世，不可能一切都一帆风顺。当你遭遇到失败时，当一切似乎都暗淡无光时，当你的问题看起来似乎不会有什么好的解决办法时，你该怎样做呢？难道你要无所作为，任凭困难压倒你吗？每种逆境都含有等量利益的种子，只要心存信念，勇敢地站起来，总会有奇迹发生。

在美国华尔街的股票市场交易所，依文斯工业公司一直保持着长久的生命力。但你可知道，公司的创始人爱德华·依文斯却因为绝望而差点自杀？爱德华·依文斯出生在一个贫苦的家庭里，起先靠卖报来赚钱，然后在一家杂货店当店员。直到8年之后，他才鼓起勇气开始自己的事业。然而，他总是很倒霉，他替一个朋友背负了一张面额很大的支票，而那个朋友却破产了。

不久，那家存着他全部财产的大银行也垮了，他不但损失了所有的钱，还负债16万美元。他经受不住这样的打击，开始生起奇怪的病来：有一大，他昏倒在路边，之后就再也不能走路了。医生告诉他，他只有两个礼拜可活了。想到自己已时日无多，他突然感觉到了生命的宝贵。于是，他一下子放松了下来，打算好好把握余下的每一天。

奇迹出现了。两个礼拜后依文斯并没有死，6个礼拜以后，他又能回去工作了。经过这场生死的考验，他明白了患得患失是于事无补的，对一个人来说最重要的就是要把握住现在。他以前一年曾赚过两万块钱，可是现在能找到一个礼拜30块钱的工作，就已经很高兴了。正是这种心态使爱德华·依文斯的事业进展非常快。几年之后，他已是依文斯工业公司的董事长了。正是因为学会了只生活在今天的道理，爱德华·依文斯才取得了人生的胜利。

昨天属于死神，明天属于上帝，唯有今天属于我们。把握好今天，我们才会拥有一个真实的自己。充分占有和利用好每一个今天，我们才能挣脱昨天的痛苦，踏平一路的坎坷，耕耘今天的希望，收获明天的喜悦。

有一首诗，写得很好：不要为昨天叹息，不要为明天忧虑/因为明天只是个未来，昨天已成为过去/未来的不知是些什么，过去的只能留作记忆/只有今天，才是你真正的拥有/今天，是你冲锋的阵地/缅怀昨天、把握今天、迎接明天/昨天是成功的阶梯，明天是奋斗的继续。

# 乐观生存：谁决定了你人生的结局？

1975年，美国宾夕法尼亚大学著名心理学教授塞里格曼做了个实验：他把狗分成两组，一组为实验组，一组为对照组。

塞里格曼先把实验组的狗放进一个笼子里，这个笼子是狗无法逃脱的，里面还装有电击装置。然后给狗施加电击，其强度能够引起狗的痛苦，但不会伤害狗的身体。结果发现，这些狗在一开始被电击时，拼命挣扎，想逃脱这个笼子，但经过再三的努力后发觉仍然无法逃脱，就放弃了挣扎。

随后，塞里格曼把这一组狗放进另一个笼子。这个笼子由两部分组成，中间用隔板隔开，隔板的高度是狗可以轻而易举就跳过去的，隔板的一端有电击，另一端没有电击。当把经过前面实验的狗放进这个笼子时，发现它们除了在刚开始的半分钟惊恐了一阵子之外，此后一直卧在地上接受电击，那么容易逃脱的环境，它们连试都不去试一下。

而把对照组中的狗，即那些没有经过前面第一个程序实验的狗直接放进后一个笼子里，却发现它们全部逃脱了电击之苦，从有电击的一边跳到了安全的另一边。

这个实验在心理学界引起了相当大的反响。因此心理学上把这种现象称之为"习惯性无助"，又叫"塞里格曼效应"。

由"习惯性无助"而产生的绝望、抑郁、意志消沉，正是很多心理和行为问题产生的根源。对于如何防止这一心理因素的产生，塞里格曼作了进一步的研究，重新设计了两个实验。

首先，让狗在接受"无法摆脱的电击"实验之前，先学会如何逃脱电击。方法是先把狗放到可以躲避电击的笼子里，狗在受到电击时，只需轻轻一跳，就可以逃避这一痛苦。如此反复几次，等到狗学会轻易地从笼子一边跳到另一边时，再按照前面介绍的实验程序，对它们进行实验，结果发现它们已经不太容易陷入"习惯性无助"的境地。

其次，改用那些在自然环境中生长的狗做实验，进行同样的处理，发现它们也不容易产生"习惯性无助"。

后来有许多学者采用其他动物进行重复实验，均得到了与之相同的结果。

20世纪80年代中期，塞里格曼的这一理论在实践中得到了检验。美国某保险公司对雇佣的5000名推销员进行培训。然而，雇佣后的第一年就有一半的人辞职，4年后这批人只剩下了1/5。原来，在推销人寿保险的过程中，推销员需要面临一次又一次被人拒之门外的窘境。为了确定是不是那些比较善于对付挫折、能够将第一次拒绝当作挑战而不是挫折的人就可能成为成功的推销员，该公司负责人向塞里格曼请教。

塞里格曼对参加过两次测试的新员工进行了跟踪研究，一次是该公司的常规测试，另一次是塞里格曼自己设计的用于测试被测者乐观程度的测试。

这些人中有一组人没有通过常规测试但却在乐观测试中取得了"超级乐观主义者"的成绩。跟踪研究表明，这一组人在所有人中工作任务完成得最好。第一年，他们的推销额比"一般悲观主义者"高出21%，第二年高出57%。从此以后，通过塞里格曼的"乐观测试"便成为了被录用为该公司推销员的一个必要条件。

在现实生活中，我们常常会发现那些经常遭遇失败或受到挫折的人，或多或少会有一些"习惯性无助"的特征，因为当他们发现无论如何努力、无论干什么，都以失败而告终时，就会觉得自己根本控制不了整个局面，精神支柱也会随之瓦解，斗志进一步丧失，最终会放弃一切努力，并陷入深度的绝望中。

乐观是人成功的重要因素。乐观主义者失败时，他们会将失败归结于某些他们可改变的事情，然后努力去克服困难、改变现状，争取成功。乐观又与人的经历有关，就像前面实验中的小狗，如果我们想远离绝望，远离意志消沉，远离抑郁……就需要有坚强的信念。用乐观的心态练就在磨难中战胜困境的本领，永不放弃自己的希望，最终你会走上成功之路。

# 自我暗示：心灵究竟有多大的力量？

暗示是心理学名词，即利用身体语言使人接受某种意见或做某事，一般可以分为：自我暗示和他人暗示。自我暗示是指自己接受某种观念，对自己的心理施加某种影响，使情绪与意志发生作用；他人暗示是指咨询者对来访者施加的暗示。

根据暗示对人的作用，心理暗示又可分为积极暗示和消极暗示两种。

心理暗示的消极作用有时会给我们带来不良的影响。例如"假孕"，即有的女同志结婚后很想怀孕，时间长了就产生了焦虑的情绪，十分害怕月经按时来潮使怀孕的希望落空。于是在这种心情的影响下，当自己月经过期还没来，就觉得自己怀孕了，很快又觉得自己开始厌食，恶心、呕吐，喜吃带刺激性的食物，于是到医院就诊。

其实，这种现象的出现是因为想怀孕的强烈愿望及焦虑的心理因素，破坏了人体内分泌功能的正常进行，尤其是影响了下丘脑垂体对卵巢功能的调节，使体内的孕激素增高和排卵受到抑制，从而出现暂时闭经的现象。

积极暗示对人体产生的作用与消极暗示恰恰相反。比如，它可以发掘人的记忆潜力。有人做过实验，分别让两组学生朗读同一首诗。第一组人在朗读前，主试者告诉他们这是著名诗人的诗（这就是一种暗示）。第二组人在朗诵前，主试者没有告诉他们这是谁写的诗。朗读后立即让学生默写。结果是第一组的记忆率为56.6%；第二组的记忆率为30.1%。这说明权威的暗示对学生的记忆力很有影响。

在临床中，积极的心理暗示是可以用来治疗疾病的，其中最常见的就是心理咨询。咨询师常采用言语或非言语的手段（语言、手势、表情、动作以及某种情境等）含蓄地对来访者的心理和行为施加影响，引导来访者顺从咨询师的意见，从而达到咨询的目的。

关于心理暗示治疗疾病有个让人不可思议的例子，是关于一个晚期癌症患者的。

赛蒙顿医生是一位专门治疗晚期癌症病人的专科医生，他提起了一次治疗一位61岁喉癌病人的经过。当时这位病人的体重大幅下降，癌细胞的扩散已经使得他无法进食。

赛蒙顿医生告诉这位患者，自己将会全力救治他，帮助他与病魔作斗争。同时，赛蒙顿医生对病人的病情毫无隐瞒。他让这位病人充分了解了自己的病情和医生的治疗方案，希望这样能让病人缓解不安的情绪，使其努力与医护人员合作。

结果这位病人的治疗情形非常好，治疗过程也进行得十分顺利。赛蒙顿医生还教这名病人运用想象力，想象自己体内的白血球大军在与癌细胞对抗，并最后战胜了癌细胞。

令人意想不到的是，几个星期之后，病人体内的癌细胞不再扩散了，这位病人战胜了癌症。对这个杰出的治疗成果，就连赛蒙顿医生也感到十分惊讶。

其实，赛蒙顿医生正是因为运用了心理疗法来治疗这名癌症病人，才获得了如此成功的疗效。他对患者说："你对自己的生命拥有比你想象的更多的主宰权，即使是像癌症这么难缠的恶疾，也能在你的掌握中。"他还说："你完全可以运用心灵的力量，来决定你的生或死。甚至，如果你选择活下去，你还可以决定自己要什么样的生活品质。"

是的，生命把握在我们自己手中。让我们来看一个奇迹：有位妇女因丈夫突然在车祸中死亡，精神上受到强烈的刺激，悲痛得双目失明。但经医生检查，她眼睛的结构没有病变，只是心理性的失明。医生用了许多方法都没能把这位妇女医治好。

后来医生决定用催眠治疗法。催眠师在对她进行了催眠之后暗示她视力已经恢复，对她说："我数5个数，数到5时，你醒来就能看见东西了。"催眠师很慢地数1、2、3、4、5，当数到5的时候，病人醒来，果真发现自己的视力已完全恢复。上面这个例子中的催眠以及宗教中的冥想、瑜伽、气功、打坐，都是运用心理暗示的方法或技术来达到治疗效果的。心灵的力量是十分强大的，它既可以摧毁一个人，也可以拯救一个人，就看人们是抱着积极的心态还是消极的心态了。

# 克服贪欲：是谁掌控了你的行为？

有位国王，天下尽在其手中，按理说，他应该满足了吧，但事实并非如此。国王自己也纳闷，为什么自己会对生活不满意，尽管他也曾有意识地参加过一些有意思的晚宴和聚会，但都无济于事，总觉得缺点什么。

一天，国王起了个大早，决定在王宫中四处转转。当国王走到御膳房时，听到有人在快乐地哼着小曲。循声望去，他看到一个厨子在唱歌，脸上洋溢着幸福和快乐。

国王甚是奇怪，于是问厨子为什么如此快乐，厨子答道："陛下，我虽然只是个厨子，但我一直尽我所能让我的妻小快乐，我们所需不多，家里有间草屋、肚里不缺暖食，便够了。我的妻子和孩子是我的精神支柱，而我带回家的哪怕是一件小东西都能让他们满足。我之所以天天如此快乐，是因为我的家人天天都快乐。"

听到这里，国王让厨子先退下，然后向宰相询问此事，宰相答道："陛下，我相信这个厨子还没有成为99族。"

国王诧异地问道：“99族？什么是99族？”

宰相答道：“陛下，如果您想确切地知道什么是99族，请您先做这样一件事情。在一个包里，放进去99枚金币，然后把这个包放在那个厨子的家门口，您很快就会明白什么是99族了。”

国王按照宰相所言，令人将装了99枚金币的包放在了那个快乐的厨子家门前。

厨子回家的时候发现了门前的包，好奇心让他将包拿进了房间，当他打开包，先是惊诧，然后是狂喜：金币！全是金币！这么多的金币！厨子将包里的金币全部倒在桌上，开始清点数目。99枚？厨子认为不应该是这个数，于是他数了一遍又一遍，的确是99枚。他开始纳闷：没理由只有99枚啊，没有人会只装99枚啊，那么那一枚金币哪里去了？厨子开始寻找，他找遍了整个房间，又找遍了整个院子，直到筋疲力尽，才彻底绝望了，心情沮丧到了极点。

他决定从明天起，加倍努力工作，早日挣回那一枚金币，以使他的财富达到100枚金币。

由于晚上找金币太辛苦，第二天早上他起来得有点晚，情绪也极坏，对妻子和孩子大吼大叫，责怪他们没有及时叫醒他，影响了他早日挣到一枚金币这一宏伟目标的实现。他匆匆来到御膳房，不再像往日那样兴高采烈，既不哼小曲也不吹口哨，只是埋头拼命地干活，一点也没有注意到国王正在悄悄地观察他。

看到厨子的心绪变化如此巨大，国王大为不解，得到那么多的金币应该欣喜若狂才对啊。他再次询问宰相。

宰相答道："陛下，这个厨子现在已经正式加入99族了。99族是这样一类人：他们拥有很多，但从来不会满足，他们拼命工作，为了额外的那个'1'，他们苦苦努力，渴望尽早实现'100'。"

很多人之所以会像故事中的厨子一样，是因为没有办法控制自己的行为，任由行为支配自己的思想，从而心理失衡，致使生活失去了本来的快乐。

# 自我调控：我的心情，我做主

毕先生对公司的事务不满意。他召开了一次会议，并在会上说："同仁们，现在我们必须振作起来。你们有人上班迟到，有人下班早退，甚至没有对工作的神圣责任感。现在，我以公司董事长的身份重整一切。从现在开始，我将早到迟退。如果每个人都能好好处理工作，并尽最大的努力，就会有一个很有前途的公司出现。"

毕先生的意图是好的，但是几天以后他就迟到了。他在乡村俱乐部吃午餐的时候，看报看得太入迷了，以至于忘了时间。他看表时，几乎把咖啡杯摔掉，他叫道："啊！我的天，我必须在5分钟内赶回办公室。"他跳起来，冲到停车场，急忙跳进汽车内把车开走。他在公路上时速90英里，车几乎飞了起来，因而被交通警察开了超速行驶的罚单。

毕先生真是愤怒到了极点。他抱怨说："今天真是倒霉有事。我是一位善良、守法、按时纳税的公民，这个警察居然跑来给我一张罚单，他该做的是去抓罪犯、小偷与强盗，不应当找纳税公民的麻烦。我汽车开得快并不表示不安全，真是可笑。"

他回到办公室后，为了转移别人的注意，就把销售经理叫进来会谈。他很生气地问阿姆斯单的销售方案是否已经定案了。销售经理说："毕先生，我不知道在哪儿出了差错，我们丢掉了这笔生意。"

现在，你就可以想象出毕先生是多么烦乱了。他愤怒地对销售经理说："你知道，我已经付你18年薪水了。在这期间，我是靠你来争取生意的。现在我们终于有机会做笔大生意，它能使我们扩大生产线，而你到底做了什么呢？你把它弄吹了。朋友，让我告诉你，你最好把这笔生意争取回来，否则我就开除你。你在这里待了18年，并不表示你有终身雇用合同。"啊！他真是太烦乱了。

再看看这位销售经理的情形吧。他走出毕先生的办公室，气急败坏地抱怨说："真是没事找事，18年来我一直为公司拼死拼活地卖力，我负责所有的生意，公司靠我才经营得下去，公司少了我发展就会停顿。现在，仅仅因为我失去一笔生意，他就恐吓要开除我，真是岂有此理！"

销售经理回到办公室后把秘书叫进来，问："今天早上我给你的那5封信打好了没有？"她回答说："没有。难道你忘了，你不是告诉我先做客户资料吗？所以我一直在做那件事。"销售经理气得火冒三丈，"不要找任何卑鄙的借口，"他指责道，"我告诉你，我要这些信件赶快打好，如果你办不到，我就交给其他人去做。你在这里待了7年并不表示你有终身雇用合同。这些信今天必须寄出去，否则你就给我走人。"啊！他也变得烦乱了。

请再看看这位秘书的情形。她关上销售经理办公室的门后，抱怨道："真是烦透了。7年来我一直尽力做好这份工作。几百小时的超时工作从未给过加班费。我比其他人做得都要多。我使公司团结在一起，现在就因为我无法同时做两件事情，他就恐吓要辞退我，真是岂有此理！"

她走到接线生那里说："我有一些信件要你帮忙。我知道这并不是你分内的工作，但你除了坐在那里偶尔听听电话以外，并没有做什么事。这是急事，我要这些信今天就寄出去。如果你无法办到，最好让我知道，我会叫别人做。"啊！她也变得烦乱了。

请再看看接线生的情形吧。她大发脾气，"这真是从何说起，"她说，"我是这里最努力的职员，且待遇最低。我要同时做4件事，而他们却在背后喝咖啡、聊天。每次他们进度落后时，总要找我帮忙，真是不公平。要我帮忙还用这种态度，真是开玩笑。如果没有我，公司的事情早就停了。再说他们也没有办法用两倍的薪水找到任何人来接替我的工作。"她把信件打出来了，但是她做的时候心里很不是滋味。

她回到家时怒气仍未消，进了屋子，猛地关上门。可是令她更加恼火的是，她12岁的孩子正躺在地板上看电视，而且他的短裤破了一个大洞。在极度愤怒之下，她说："我告诉你多少次了，放学回家后要换上你的游戏服。我供养你，送你到学校念书，还要做全部的家务，已经被折磨得要死。现在，你必须到楼上去，今天你的晚饭就别吃了，以后3个星期不准看电视。"啊！她也变得烦乱了。

现在，再看看她12岁儿子的情形。他走进自己的房间说："真是莫名其妙。我正在替她做些事情，但是她不给我解释的机会，到底发生了什么事？"大约就在这时候，他的猫走到了他的前面。他狠狠地踢了它一脚，说："你给我滚出去！你这臭猫。"

这就是著名的踢猫效应。

生活中有许多事情我们是无力改变的，唯一能改变的是我们自己的心情。遇到不如意的事情时，积极调整自己的心态，不要让自己的不良情绪影响到身边的人。对待自己冷静一点，对待自己周围的人宽容一点、和气一点。放自己的心情一条平和的路，烦恼就不再整大跟着你，你会发现生活中到处充满阳光。

# 销售中的博弈——要想钓到鱼，就要像鱼那样思考

# 投桃报李：悄悄产生的负债感

汉斯经营着一家罐头食品公司。为了扩大公司声誉，有一年他带着公司的产品参加了美国芝加哥市举行的全国博览会。谁知他的产品被安排在展厅中一个最偏僻的阁楼里。本来是想扩大影响，提高自己公司的知名度，但是这种安排显然难以达到目的。于是，汉斯找到大会主办方要求调换一下位置。

主办方负责人说："你瞧，这些都是大公司的名牌产品，我们只能把它们放到最合适的位置。汉斯先生，你的产品位置也是最合适的。"

汉斯一看，可不，在显要位置摆放的都是全国数一数二的产品，自己的产品虽然也不错，但相比之下名气小多了。怎么办？花钱来参加展览会，总不能一无所获、空手而归吧！

博览会开始后，参观的人络绎不绝。一天过去了，但是，很少有人光顾汉斯的柜台。眼看展览时间不多了，汉斯十分着急，晚上躺在床上苦苦琢磨。第二天他终于想出了一个巧妙的办法，于是离开柜台出去了整整一天。

第三天，会场的地面上突然出现了许多小铜牌，铜牌的背面还刻着一行字，上面写着："谁拾到这块小铜牌都可以到展厅的阁楼上汉斯食品公司陈列处换取一件纪念品。"

于是捡到铜牌的人纷纷拥到汉斯展销产品的阁楼上。本来无人光顾的小阁楼，一下被挤得水泄不通。市民们到处传诵"汉斯小铜牌"这件新鲜事，记者还作了报道。这下，汉斯的产品名声大振，光这次展览会就赚了55万美元。

原来，这正是汉斯推销产品的妙计。他在产品无人问津的情况下，找人做了这些小铜牌，然后派人遍撒展厅，先给予顾客一个小小的恩惠，把顾客引到他的柜台，加上他的产品质量不错，这样，在"恩惠+负债感+优质的产品"的作用下，顾客自然纷纷购买了汉斯的产品。

除了赠送小礼物外，免费试用也是商家经常用来使顾客产生负债感的一种促销手段。

有一家叫惠勒的公司经营着近万种与吃、穿、住、用有关的商品。它的商品琳琅满目、应有尽有，因而每日顾客如云。商品品种全是这家公司生意兴隆的原因之一，而奇特的经营方式是吸引顾客的最主要原因。这家公司摆在陈列柜上的商品是供顾客试吃、试用的，而不是直接卖出。顾客经过试吃、试穿后，记下满意的商品，付款后只要取一张领货单，就可以马上在商店门口取到包好的商品或由商店送货上门。

一位从肯尼亚来的客人要给自己的女儿买一件外套。可是无论在哪家商店都找不到合适的，因为她女儿的身材太高了。她带着女儿来到惠勒公司的商店，试穿了13件服装，终于满意地为女儿订购了3件外套。两天之后，公司营业员就将3件新外套送到了她的住处。

田纳西州一个叫玛丽的顾客，要给她那刚生孩子的儿媳购买一些营养饮料和食品，但她的儿媳不喜欢含牛奶味道的食品和饮料。这位顾客花了半天的时间，尝了72种食品、饮料，终于选到了12种无牛奶味的食品、饮料。当她付完款领了货单后，就到门口取了包好的一大包食物。

惠勒公司由于经营方式独特，因而名声逐渐开始远播，无形中产生了广告效应。该公司总经理说："本公司不做巨型广告，把这笔钱省下来给顾客免费试吃、试穿，它的效益比大型广告更有号召力。"

免费试用、赠送礼品等互惠原理的营销手段是商家的好帮手，他们使顾客在接受商家的恩惠后产生了负债感。这就使得他们会从商家那里购买他们试用过的一些商品。

# 广告宣传：让产品像明星那样红火

人们在决定购买某一商品时，会受到一种潜意识的影响。某种商品信息刺激的次数越多、越强烈，在人们潜意识中该商品的烙印也就越深刻，对商品的购买和消费也会成为一种无意识行为。事实上，人们总是习惯于消费自己熟悉的商品。

因此，对商家来说，反复的宣传，在顾客心中造成强烈的印象是至关重要的。著名的美国可口可乐公司，正是利用了顾客的这一消费心理，以铺天盖地的广告大战，奠定了可口可乐独占世界饮料业鳌头的至尊地位。

20世纪30年代，可口可乐公司面临严重的财政危机。为了摆脱劣势，公司董事们决定聘用以推销卡车而在亚特兰大闻名遐迩的罗伯特·温希普·伍德鲁夫担任经理一职。从此，伍德鲁夫经营可口可乐公司长达半个世纪之久，取得了骄人的业绩。他把推销与宣传融于一体，在国际市场上为可口可乐开辟了一个崭新的天地。

伍德鲁夫在跟一个朋友闲谈时，这位朋友问起他可口可乐成功的秘密，他说："可口可乐99.69％是碳酸、糖浆和水，只能靠广告宣传，才能让大家都接受！"

基于这一思想，伍德鲁夫自接任总经理后极为重视广告，报刊、电视广播、宣传材料等能用来做广告的媒体，无不尽量使用。即便是他个人的宴会，他也从不放过为可口可乐做广告的机会，可谓是用心良苦。

伍德鲁夫铺天盖地式的广告宣传战术，在二战期间发挥了很大的作用。经过一系列的活动，可口可乐在美军中深受欢迎，有人将其称为"可口可乐上校""生命之水"，甚至认为可以没有一切但不能没有可口可乐。

二战期间，从太平洋东岸到中欧的易北河边，美军沿途一共喝掉了100多亿瓶可口可乐。这样，可口可乐像蒲公英的种子似的随军飞到了欧洲许多国家，在某种程度上起到了广告宣传的作用。事实上，没过两年，可口可乐便在英、意、法、瑞士、荷兰、奥地利等国家畅销起来。

二战末期，可口可乐的月销售量已达到50多亿瓶，仅可口可乐装瓶厂就增加到了64家。今天，从南极到北极，从最发达的国家到最不发达的国家，可口可乐无处不在；从家庭妇女到商界强人，从白发老人至3岁孩童，可口可乐无人不晓。

这正是伍德鲁夫的营销高招留给世界的奇迹。目前，可口可乐在世界上140多个国家和地区畅销，以每天销售3亿罐的绝对记录饮誉全世界，成为了名副其实的"世界第一饮料"。

可口可乐的案例很好地说明了熟悉的就是好的，熟悉就有机会导致喜爱。人们总是习惯于消费自己熟悉的商品，所以对于想要引起人们购买的商品厂商而言，反复地宣传以使自己的产品先被顾客熟知，进而达到喜爱是至关重要的。

# 引导战术：是什么扰乱了客户的心智

一个中年男人走进一家百货公司。今天值班的是经理吉米，他看到中年人后，马上迎上前去有礼貌地招呼："先生您好，需要点儿什么？"

中年人摊开手，耸耸肩说："我什么都不需要，我只是休假3天，实在闲得无聊，出来随便转转。"

吉米笑道："哦，休假吗？太好了，这么好的天气为什么不去威斯堡林场打猎呢？那儿可是个美丽的地方啊，野兔和黄羊多得打都打不完。另外，你还可以在那儿来一次野外烧烤。"

中年人怔了一下说："是呀，我怎么没想到呢！"于是他随着吉米到娱乐部买了一把德国产的猎枪。

吉米说："先生，你去打猎晚上肯定是回不来了！既然去野外玩，就玩个痛快吧！那儿晚上还有篝火晚宴，你可以自带一个小帐篷和睡袋，很方便的。"于是中年人又毫不犹豫地买下了小帐篷和睡袋。

买完这些东西，中年人正打算走时，突然又回过头来说："可是我的汽车太不适合那里的山路了。再说开一辆豪华的汽车去打猎，也体现不了那种野外的情趣。"

"不要着急，先生，这很好办，请随我来。"说着吉米又把中年人带到了汽车部，这里有几款非常漂亮的越野车是专门对外租赁的。于是，中年人又租下了一辆漂亮的越野车。其实发生在我们身边的类似故事还有很多，有位先生去商店购买西装。他踏入西装店后，店员立刻过来招呼，问道："先生您想要什么样颜色的西服？深蓝色如何？"顾客点了点头，表示赞同。店员马上又说："依先生您的体格，深蓝色很相配。那您希望什么样式的纽扣呢？"顾客只好回答："只有一颗纽扣的怎么样？""依先生您的行业，还是选择有点特色的较好。"就这样，这位先生在店员询问的引导下，最后买下了店员所推荐的深蓝色西装。

当时，这位先生自己也觉得这套西装很合适，但回家后仔细打量，总觉得不太对劲，但是又不好意思要求更换。毕竟当时店员是根据他的意愿介绍的这套衣服，换句话说，等于是自己选择了这套西装。

这位店员可谓颇有"心计"，他的高明之处在于：他可以让顾客说"是"。一开始就让对方说"是"，使他忘掉你们争执的焦点，愿意去做你建议他做的事。

实际上，该店员虽然只是提出一连串的询问，但其效力却封住了顾客的嘴，让对方产生错觉，以为一切都是自己下的结论！

《影响人类的行为》一书中有这样一段话：当一个人说"不"时，他所有的人格尊严都已经行动起来，要求把"不"坚持到底。事后他也许会觉得这个"不"说错了，但是他必须考虑到宝贵的自尊心而坚持下去。因此，使对方采取肯定的态度，是一件特别重要的事。

这虽然是一种非常简单的技巧，但是被许多人忽略了。所以，在说服别人的时候，聪明的做法不是以讨论异议作为开始，而是以强调而且不断强调双方所同意的事情作为开始。

如果没有双方所同意的事情作为开始的话，那就尽量拉近双方的距离，至少不要让对方排斥你，然后再慢慢引导对方。

约翰是长岛的一个旧汽车商。一天，他的商店里来了一对年轻夫妇。他向这对夫妇推荐了许多车，费尽了口舌，然而他们对每辆车都能找出毛病。就这样，他们在选遍了库存的所有旧车后，空手而去。

约翰不愧为一个出色的商人，他不仅没有表现出任何的不满，而且还留下了这对夫妇的电话，表示有好车时就告诉他们。约翰在分析了两人的心理后，决定改变策略：不在竭力向顾客推销车，而是让他们自己下决心买车。

几天后，当一个要卖掉旧车的顾客光临时，约翰决定试一下新策略。他打电话请来了那对夫妇，并说明是让他们来提几点建议的。那对夫妇来后，约翰对他们说："我了解你们，你们都是通晓汽车的人。你们能否帮我看看这辆车能值多少钱？"这对夫妇十分吃惊，汽车商竟然请教起他们来了。

丈夫检查了一会儿，又开了5分钟，然后说："如果能花300美元买下，就不要犹豫。"

"假如我花这么多钱把车买下，你不想再从我这里买走吗？"商人问道。

"当然，我马上可以买下。"

就这样，这笔买卖很快就成交了。

每个人对强迫他干的事都会感到不快，无论谁都喜欢根据自己的意愿行事。约翰的聪明之处就在于他看到了这一点。聪明的人并不只有约翰一个，犹太人布拉德利也是一个能够了解人们这种心理的人。

布拉德利最初在向客户推销保险时，一见到客户便向他们介绍保险的好处，同时还向对方大讲现代人不懂保险带来的不利。最后他还会说："最好你也买一份保险。"可是无论布拉德利怎么说，始终很少有人向他买保险。一个月下来，他没有拿到几份保险订单。

后来布拉德利经过仔细思考，改变了策略，不再对客户夸夸其谈，而是换了一种交谈的方式。

"您好！我是国民第一保险公司的推销员。"布拉德利说。

"哦，推销保险的。"客户应道。

"您误会了，我的任务是宣传保险，如果您有兴趣的话，我可以义务为您介绍一些保险知识。"布拉德利说。

"是这样，那请进。"客户说。

布拉德利初战告捷。在接下来的谈话中，他和叙说家常一样，向客户详细介绍了有关保险的全部知识，并将参加保险的益处以及买保险的手续有机地穿插在介绍中。

最后，布拉德利说："希望通过我的介绍能让您对保险有所了解。如果您还有什么不明白的地方，请随时与我联系。"说完布拉德利就递上了自己的名片。直到告辞他只字未提让客户向他买保险的事情。但是到了第二天，不少客户都会主动给布拉德利打电话，请他帮忙买一份保险。

布拉德利成功了。他一个月卖出的保险单最多时达150份。

每个人对强迫他干的事情都会感到不快。哪里有强迫，哪里就有反抗。无论是谁都喜欢根据自己的意愿行事。所以，当想诱导别人作某种结论时，聪明的人不从正面着手，而是假装尊重他人的意见，让其产生错觉以为是自己主动作的决断。

# 捕获客户的心：让客户多参与

有一位专门负责推销装帧图案的年轻人，在向一家公司推销装帧图案时，几乎每个星期都要到这家公司去一次，有的时候甚至一星期去几次。但是这样跑了一年多，这家公司仍然没有能与他达成交易。公司的主管人员总是看过草图后，遗憾地告诉他："你的图案缺乏创新，我看还是不能用，对不起……"

当时这位年轻人几乎没有勇气再登这家公司的门了。然而一个偶然的机会，他读到了一本如何影响他人行为的心理学方面的书籍，深受启迪，便决定采用一种新的方法试试。

这次，年轻人带着未完成的草图去拜访公司的主管人员。

一见到那位主管人员，年轻人便恳切地说："我想麻烦您帮我个忙！您看，我这里有一些未完成的草图，希望您能从百忙中抽空给我指点一下，以便我们能够根据您的意见将这些装帧图案修改完成。"

这位主管人员答应了他的要求，给他的那些草图提出了一些自己的看法。

几天以后，年轻人又去见那位主管。这次，他带来的是根据主管的意见修改完成的装帧图案。最后，这批装帧图案果然全部被这家公司购买了。

自此之后，这位年轻人又用同样的方法顺利而成功地推销了许多装帧图案，他自己也因此获得了丰厚的报酬。

当这位年轻人谈到他的成功经验时说："现在我明白了以前一直无法成功的原因，那就是我总是强迫别人顺应自己的想法。现在不同了，我请他们提供意见，然后再根据他们的意见将装帧图案修改完成。这样，他们就觉得自己参与创造、设计了那些装帧图案。人们对自己参与的事情总是抱支持的态度。这样，即使我不去推销，他们也会主动来购买的。"

所以，让别人支持某件事的最好办法就是让他参与进来。著名的钢铁大王卡内基就很善于使用这种方法。

卡内基打算将一个钢铁厂销售给宾夕法尼亚铁路局，而汤姆生是该局的局长。为了更好地谈成这笔生意，卡内基将那家钢铁厂命名为"汤姆生钢铁厂"。当然，这笔生意非常顺利地谈成了。

上面的故事，相信对你会有启发。你的产品要怎样才能更好地吸引顾客呢？那就是让顾客参与进来。对于很多商品，顾客都有一种非常奇妙的心理。他们在心理上更多关注的是与自身有关的事物，比如籍贯、姓名、性别、民族、颜色、口味……让自己的产品附带上这些信息，往往就能顺利地推销出去。

每个人对自己参与创造或与自身有关的事物都会抱支持的态度。因此，在产品上附加一些与顾客自身有关的信息，将会更好地为产品打开销路。

## 坐收渔利：物以稀为贵

20世纪40年代，一种新式影印机"全录91型"在美国全录公司诞生了。公司的创始人威尔逊获得了生产该影印机的专利权。当第一批新式影印机出厂时，成本仅为2400美元，但威尔逊却将售价定为了29500美元，超出成本的10倍还多。

公司里知情的员工们不禁倒吸了一口冷气，大家禁不住问威尔逊："你是想做暴发户吗？"

"那当然！只要不是傻瓜，谁都想当暴发户呀！"

"我看你是想暴利想疯了。请你想想，这样高的价格卖得出去吗？卖不出去的东西还有什么利润可言？"

"放心吧，我正常得很，我的脑袋比谁都清醒。"面对一连串的质疑，威尔逊一概回以神秘的微笑。

"那……"

"请允许我打断你的话。我不仅知道这样高的价格可能会使影印机一台也卖不出去，而且我还知道，这个定价已经超出了现行法律允许的范围。等着瞧吧，我们的这项宝贝很可能被禁止出售。"

"那还得了！就算有和你一样的疯子来买我们的宝贝，你又有什么法宝可以获得法律的许可呢？"

"什么法宝也没有。即使有，我也不用。我要的就是法律不允许出售，允许了也不卖。做到这两点，巨额的利润就能稳稳地到手了。"

"什么？不准卖？卖不出去我们反倒能获得巨额利润？"

"是的，我本来就不准备出售影印机的机体，而是卖影印机的服务。从服务中取得利润。"威尔逊胸有成竹地说。

不出威尔逊所料，这种新型影印机果然因定价过高被禁止出售。但是由于在展览期间人们已经了解了它独特的性能，所以他们莫不渴望能使用这种奇特的机器。再加上威尔逊早已获得了生产专利权，"只此一家，别无分店"。所以当威尔逊把这种新型影印机以出租服务的形式重新推出时，顾客顿时蜂拥而来。

尽管租金不低，但受到目前过高售价的潜意识影响，顾客仍然认为值得。没多久，威尔逊就赚到了巨额的利润。

正所谓"物以稀为贵"，在人们的观念中，难以得到的东西总是比容易得到的东西要好。人们总是觉得越稀少、越新奇的东西，也越有价值。威尔逊正是抓住了人们的这一心理，从而获得了巨额的利润。

机会越少，价值就越高。难以得到的东西通常都比容易得到的东西要好，也更能得到人们的珍惜。

## 制珍藏版：一文不值与重金难求

2005年4月2日晚，梵蒂冈天主教教宗约翰·保罗二世与世长辞。他一生成就显赫，从对抗消费主义到反对堕胎，对人们的生活产生了巨大的影响。消息一经宣布，就发生了一件让人无法解释的怪事：人们纷纷涌向商店，把印有他葬礼日期的咖啡杯和银勺之类的纪念品抢购一空。

如果说纪念品上印有保罗二世的头像，购买它是为了纪念这位罗马天主教教宗，那这样的行为还情有可原。但事实并非如此。更让人无法理解的是，这些疯狂的抢购并不是发生在梵蒂冈、罗马或是意大利，而是几千英里以外的英国。不过有一点可以肯定，那就是教宗的逝世与这次奇怪的抢购有关。

实际上，这些咖啡杯、茶具、茶巾等纪念品是为了纪念英国王子查尔斯与卡米拉的婚礼而生产的。那到底是什么引发了这场抢购潮呢？

原来，英国王子查尔斯与卡米拉的婚礼原定于2005年4

月8日星期五在英国温莎举行，但不巧的是正好和约翰·保罗二世的葬礼在同一天。出于尊重，也为了能够参加已故教宗的葬礼，查尔斯王子将婚期延后了一天，改为2005年4月9日。

这么一来，温莎出售的纪念品上的婚礼日期就都不正确了。但人们无一例外地认为这些错印的纪念品日后会变为"珍藏版"，有升值潜力，于是纷纷跑去购买。错印的纪念品在人们眼中俨然成了提前盖销的黑便士邮票。纪念品遭抢购的消息传出后，又使得更多的人加入了抢购的狂潮，商品很快就销售一空。

准备在温莎报道皇室婚礼的记者们拦下抱着大包小包纪念品的顾客，向他们询问购买纪念品的原因，得到的结论是：人们购买这些东西并不是出于对杯子的需求，也不是因为它和皇室婚礼有关，仅仅是因为纪念品上面的婚礼日期印错了，而这点可能会让它日后身价倍增。

通常来说，稀少的东西会变得更有价值。心理学研究也证实，物品的稀缺性和唯一性会提高其在人们眼中的价值。当人们得知某样东西很稀少，并且限时限量供应时，就非常渴望拥有该物品。抢购的人们就是抱着这种心理才去购买纪念品的。

不久，商店又进了日期正确的婚礼纪念品，然而购买的人却并不多。让人们没想到的是，这次抢购的结果导致拥有错版纪念品的人比买正版纪念品的人还多。曾一度被认为稀少的错版纪念品，事实上到处都有，价值自然也就一般了。

不过，购买者中也不乏有远见之人，那就是几天后又购买了正品的顾客。他们明白，全套的咖啡杯——错版加正版，才是稀少之物。

通常来说，稀少的东西在人们眼中更有价值，对人们更有吸引力。

# 稀缺效应：可口可乐的尴尬

1985年4月23日，美国可口可乐公司做了一个不智之举，后来被《时代周刊》称为"10年来的营销惨败"。那么可口可乐公司究竟做了什么事呢？

事情是这样的：可口可乐公司发现，很多人都喜欢百事可乐那略微带甜的口味，于是决定放弃其传统可乐配方，推出带甜味的"新可口可乐"，谁知却引起了消费者的抵制。

消费者对可口可乐公司更换口味的这个决定十分生气。全美国几千名传统可乐的拥护者愤起抵制"新可口可乐"，要求传统口味的可乐重新回到市场。一名已退休的西雅图投资商——盖因·莫林斯还应势创办了"传统可乐爱好者协会"。

"传统可乐爱好者协会"的成员遍布全美各地。他们通过民间呼吁、司法途径及查找法律条文等手段，要求复苏传统可乐。为此，莫林斯还设了电话专线，供人们宣泄不满和发表意见。此外，莫林斯还向人们发放了数千"抗议新可口可乐"的纽扣和T恤。他甚至还对可口可乐公司提出集体诉讼，不过联邦法官并没有接受。

不过让人感到奇怪的是，有人曾让莫林斯闭着眼睛品尝新、老两种可乐，结果显示，连莫林斯自己都更喜欢新口味，而且他也说不出新、老可乐到底有何不同，但是这不妨碍他继续为传统可乐奔走忙碌。看来，莫林斯先生认为他失去的东西，远比他对新可乐的喜爱重要。

可口可乐公司后来作出了让步，让传统可乐又重新回到了人们的身边。不过公司的管理人员却始终不明白，推陈出新的决策到底错在哪里？

要知道，在向外界宣布放弃旧口味前，可口可乐公司花了4年时间，对25座城市的20万消费者作了详细调查。在蒙眼品尝测试中，新、老口味的受欢迎度分别为55%对45%。而当消费者知道哪瓶是新口味，哪瓶是老口味时，新口味的受欢迎度又提高了6个百分点。

既然如此，为何推出新产品的决策会遭到抵制？谜团恐怕只能用短缺原理来解释。

在作品尝测试时，新可乐对人们来说是无法买到的东西，所以人们对得不到的东西表现出了喜爱。但当公司宣布用新配方替代老配方时，传统可乐就变成了人们得不到的东西了，因此人们的喜爱之情也有了转移。

这样来看，新口味的受欢迎度在后一个测试中得到提高是合理的。只不过可口可乐公司没有正确理解那6%产生的原因。他们误以为这代表人们会接纳并喜欢新口味。其实应该这么理解：当人们知道哪个产品买不到时，就会更喜欢它。

物品的稀缺性和唯一性会提高其在人们眼中的价值。所以，当一样东西非常稀少或者开始变得稀少时，它的价值就会上升。

# 限量购买：制造短缺的假象，激起人们购买的欲望

有一个美国商人，在纽约郊区开了一家服装厂，苦心经营了一段时间后，他发现根本没有达到他的预期目标。商人看着积压的商品，急得焦头烂额。经过多日的思考，他终于想出了一个办法。

这位商人在纽约市中心的繁华街区又开了一家商店，并在各大媒体做了广告：商品标出价格的头12天按全价出售，从第13天起到第18天降价25％；第19至24天降价50％；第25至30天降价75％；第31至36天，如果仍然没人要，剩下的服装将无偿捐给慈善机构。

这条广告一经发布，立即成了人们议论的焦点。几乎每个人都想到这个商店去看一看，还有很多人预言：这个笨蛋将会倾家荡产。因为，如果顾客等到商品价格降到最低时才买，他岂不吃大亏？更糟糕的是，如果没人买的话，商店就要将服装无偿捐给慈善机构，那损失岂不是更大？

　　然而出乎人们意料的是，这家商店的服装十分畅销，不到半个月便销售一空。商家这种看似愚蠢的做法从一开始就吸引了大批顾客关注。顾客都生怕东西被别人买后自己就买不到了，于是争相购买。那位被认为将会倾家荡产的服装商反而坐收渔利。

　　在日常生活中，类似这位服装商的聪明商家还有很多。其实，聪明的商家个个都是利用短缺原理的行家。为一些产品定制"限量版"与"珍藏版"，就是他们惯用的伎俩。他们会告诉顾客某种商品供应紧张、数量有限；又或者，他们会采用限期优惠的策略，对某种优惠商品加以时间上的限制；使得顾客不得不马上作决定。下面这位经理的做法与上面的例子有异曲同工之妙。

　　一家百货商店的经理看到将近月末，可销售计划还没有完成，不由得心急如焚。可是店里又实在没有什么商品是畅销货。怎么办呢？看着店里那堆积如山的牙膏，经理犯了愁。忽然，他灵机一动，立即写了一张广告：本店出售牙膏，每人限购一管！写好后，经理将广告贴在店外最显眼的地方，并一本正经地吩咐营业员："没有我的同意，一个顾客只准买一管。"

　　不一会儿，广告前就围了一群人，他们议论纷纷："怎么只能买一管？""说不定要涨价。"

渐渐地，这家商店热闹起来了。为了能多买一管牙膏，有的人甚至不惜排几次队。与此同时，还有一些人通过关系找上门来，预购一箱又一箱的牙膏。到傍晚时，所有积压的牙膏全部销售一空。

一般来说，人们对于越是得不到的东西，越是想得到；越不让接触的东西，越想接触；越不让知道的事情，越想知道。这种逆反心理在消费上主要表现为越是不好买的商品，越能激起人们的好奇心和争购欲望。

# 巧用人性：最会做生意的犹太人

没钱的犹太人费尔南多在星期五傍晚抵达了一座小镇。他没钱吃饭，更住不起旅馆，只好到犹太教会堂找执事，请他介绍一个在安息日能提供食宿的家庭。

执事打开记事本，查了一下，对他说："这个星期五，经过本镇的穷人特别多，几乎每家都安排了客人，唯有开金银珠宝店的西梅尔家例外。只是他一向不肯收留客人。"

"他会接纳我的。"费尔南多十分自信地说，然后来到西梅尔家门前。等西梅尔一开门，费尔南多就神秘兮兮地把他拉到一旁，从大衣口袋里取出一块砖头大小的沉甸甸的小包，小声说："砖头大小的黄金能卖多少钱呢？"

西梅尔眼睛一亮，可是，今天是安息日，按照犹太教的规定是不能谈生意的。但西梅尔又舍不得让这上门的大生意落入别人的手中，便连忙挽留费尔南多在他家住宿，到明天日落后再谈。

于是，在整个安息日，费尔南多受到西梅尔的盛情款待。到了星期六夜晚，可以做生意时，西梅尔满面笑容地催促费尔南多把"货"拿出来看看。

"我哪有什么金子？"费尔南多故作惊讶地说，"我不过想知道一下，砖头大小的黄金值多少钱而已。"

其实，人们所感知的世界，只是他们自己所构建成的知觉经验罢了，人们通常将他们看到、听到、感觉到的经验组织成自己感兴趣的事物。对他们来说，所谓的真实，只不过是他们将从外界所获知的部分信息，附加上他们自己的意见罢了。

犹太人费尔南多利用人们天生对未完成的情况形成个人的意见这一原理，设计了故事的前半部分，让对方去进行一些"合理"推想，从而达到自己的目的。

聪明的商人也正是利用了人们的这一心理，引出话题，让顾客对他们的商品进行一些"合理"推想，从而增强购买欲望。

# 消费积分：积分，拉开销售狂潮的暗器

很多公司为如何吸引、留住顾客绞尽了脑汁。他们有的给顾客赠送精美的小礼品，有的提供免费饮料，有的印制购物优惠券，促销手段可谓层出不穷。现在，又有一些研究给烦恼的商家提供了一个绑牢顾客的新方法。这些研究不仅告诉我们怎样绑牢顾客，还告诉我们顾客对什么样的奖励感兴趣。

这个绑牢顾客的新方法就是：消费满多少就送。这个计划能让顾客表现出较高的忠诚度，并且只要卖方先赠送部分消费积分，顾客就会更急于达到规定消费额。这是约瑟夫·努涅斯和沙维·德雷兹教授经过研究得出的结果。

在一项实验中，研究人员给300名顾客发了"洗车忠诚卡"。同时对顾客表示，每洗一次车，忠诚卡上就会盖一次章。忠诚卡分两种，一种是满8个章送一次洗车服务，这种卡上还未有印章；另一种是满10次送一次服务，不过已经盖了两个章。其实两种卡都需要顾客消费8次才能有免费赠送，不同的是后一种卡商家预先给了积分。

接着，拿了忠诚卡的顾客开始来洗车了，每消费一次，工作人员就盖一个章。几个月后，研究人员查看了实验结果，发现努涅斯他们的假设得到了证实。前一组中只有19%的顾客集齐了8个章，后一组拿到两个赠送章的顾客中，有34%的顾客集齐了另外8个章。不仅如此，后一组顾客集齐印章的速度也比前一组要快，平均2.9天光顾一次洗车场。

努涅斯和德雷兹表示，以消费积分换免费服务时，先赠送部分积分，比让顾客从零开始更能促进购买。他们还指出，顾客离规定积分越近，购买行为就越频繁。从上面的实验中也可以看出，从零积分开始的顾客，每次光顾洗车场的间隔天数比第二组要多一天半。

# 思维定式：昂贵等于优质

我的朋友在旅游旺季进了一批玛瑙石珠宝，售价也不贵，可以说是物超所值。虽然商店里顾客盈门，生意兴隆，可是那批玛瑙石珠宝却怎么也卖不出去。我的这位朋友想了各种方法来吸引顾客对这些玛瑙石的注意，希望以此来增加它们的销量，例如将玛瑙石摆放在显眼的位置，告诉店员对它们进行大力推销，但是都收效甚微。

后来，她有事要离开景区，临走时给店员留了一个便条，让店员将那批玛瑙石珠宝以1/2的价格处理掉。因字迹潦草，店员误将便条上的"1/2"错看成了2。谁知提价后的玛瑙石珠宝反而受到顾客的欢迎，很快便销售一空。

几天后，朋友回来，看到那批玛瑙石珠宝果真销售一空后，很是高兴。不过，当她得知那批玛瑙石珠宝是以原价两倍的价格卖掉的后，完全惊呆了！她怎么也想不通这究竟是怎么一回事。

其实这些顾客只是受到思维定式的影响，再加上他们对玛瑙石没有什么了解，于是习惯性地认为"昂贵=优质"。因为在一般情况下，商品的价格与价值是成正比的。商品的价值越大，价格自然越高。因此，这些想买到好珠宝的顾客，在看到玛瑙石珠宝昂贵的价格之后，便认为这些珠宝值得拥有。

精明的商家就是抓住了人们的这种心理，提高定价，达到厚利多销的目的。有一位名叫米尔顿·雷诺兹的企业家就是靠这种方法取得了成功。

一次，雷诺兹发现一家制造铅字印刷机的工厂破产待售。这种印刷机的用途之一是能够供百货公司印刷展销海报。雷诺兹看准这点，立即借钱买下了工厂，然后把机器重新定名为"海报印刷机"，专门向百货公司推销。

原来的印刷机，每部售价不过595美元，更名之后，雷诺兹把价钱一下提高到2745美元。他认定，现在百货店都在大力推销产品，"海报印刷机"正好能够满足他们的特殊需要，而对某些独特的产品来说，"定价越高，越容易销售"。果然，"海报印刷机"的销路颇好，让雷诺兹大赚了一笔。

之后，雷诺兹又开始寻找新的"摇钱树"。1945年6月，他到阿根廷谈生意时，又发现了一个新的目标，即今天的圆珠笔。当时，雷诺兹看准了圆珠笔具有广阔的市场前景。他立即赶回国内找人合作，昼夜不停地研究，只用了一个多月便拿出了自己的改进产品，抢在了对手的前面将圆珠笔推向了市场。他还利用当时人们原子热的情绪，将这种笔更名为"原子笔"。

随后，雷诺兹拿着仅有的一支样品笔来到纽约的金贝尔百货公司，向公司主管展示这种"原子时代的奇妙笔"的不凡之处：它既可以在水中写字，也可以在高海拔地区写字。这些都是雷诺兹根据圆珠笔的特性和美国人追求新奇的性格，精心制定的促销策略。果然，公司主管对"原子笔"非常感兴趣，一下就订购了2500支，并同意采用雷诺兹的促销口号作为广告。

当时，这种圆珠笔生产成本仅0.8美元，但雷诺兹却果断地将售价抬高到12.5美元。他认为只有这个价格才会让人们觉得这种笔与众不同，配得上"原子笔"的称号。

1945年10月29日，金贝尔百货公司首次销售雷诺兹的"原子笔"，竟然出现了5000人争购的壮观场面。大量订单和雪片一样飞向雷诺兹的公司。

短短半年时间，雷诺兹生产"原子笔"所投入的2.6万美元资本，竟然获得了155万美元的税后利润。等到其他对手挤进这个市场，杀价竞争时，雷诺兹已经赚了大钱，抽身而去了。

　　通常来说，商品的价格都会随着价值的增加而提高，价格越贵，质量就越好，价值就越高。所以，当人们想买质量好、价值高的某些商品时，便很自然地靠"昂贵=优质"这种思维定式去判断商品的价值。

# 谈判桌上的博弈——兵不血刃的较量

# 动与静的博弈：借题发挥、虚张声势

希尔顿饭店是世界著名的大饭店，其创始人希尔顿先生也是美国最重要的商业巨子。我对希尔顿先生崇拜之情由来已久，但真正让我受益的，是他的谈判技巧。

希尔顿曾是一名军人，参加过第一次世界大战。战争结束后，退伍回家的他在得克萨斯州寻求发财的机会，最后他买下了莫希利旅店，从此翻开了"希尔顿王国"辉煌的第一页。

创业之初，希尔顿资金匮乏、举步维艰，特别是在修建希尔顿饭店时，建筑费竟然高达100万美元。希尔顿为此一筹莫展，急得像热锅上的蚂蚁，最后他灵机一动，找到了卖地皮给他的房地产商人杜德。希尔顿告诉他说："如果饭店停工，附近的地价将大大下跌，假如我告诉别人饭店停工是因为位置不好而将另选新址，那你的地皮就卖不了好价钱了。"

杜德仔细一想，确实如此。他当然不会让自己陷入这种困境，于是同意帮助希尔顿将饭店盖好，然后再由希尔顿分期付款买下。

希尔顿在进退两难之际，巧妙地运用威慑战术，最终说服了地产商杜德乖乖地接受了他的要求，帮他建好了饭店。希尔顿此举并未花费太大的代价，只是虚张声势，稍费了些口舌，就"不战而屈人之兵"，如愿达到了自己的目的。

谈判中能够运用威慑战术的地方有很多，除了虚张声势外，如果对方不小心犯了点小错，我们还可以借题发挥、小题大做，以此来威慑对方。

美国密德兰地区的一家银行有一位非常难缠的客户——埃利，埃利在经济景气的时候，有过一段辉煌灿烂的历史，但后来由于经济萧条，他的公司资金周转出现了困难。

由于过去埃利所经营的顾问公司一直和银行保持良好的关系，因此银行也一直认为他所经营的公司是一家运营良好的企业。但是，出于各种各样的原因，银行却不愿意给予他太多的贷款。埃利则希望能够找到机会重建昔日辉煌，千方百计地想办法让银行能贷款给他，但是都未能如愿。

过了一段时间，埃利想到了另外一种方式——罗列所有的罪状，削弱对方的气势。于是，他让会计部门整理出好几条针对银行的抗议事项。

　　银行对于客户的这种抗议，显然有些措手不及。银行经理立刻打了道歉的电话。但是，埃利又以银行办事能力太差、手续太慢，致使自己的公司向外国购买一项产品的计划被拖延，并因此蒙受了重大损失为由，大表不满。

　　还有某位银行职员所犯的一个小错，也被埃利又借题发挥。原来因为这位职员的一时疏忽，使得一笔原来应该存入埃利账户的款项，阴差阳错地存入了另一家公司的账户。为了这件事，埃利大发雷霆，并把银行以往所犯的种种"罪状"全部列举出来，要银行作出解释以及提供具体的解决办法。

　　两个星期之后，埃利认为时机已经成熟了。那位银行经理在听到客户诸多的不满后，心中已作了最坏的打算，准备接受一切严厉的批评和惩罚。这时，埃利给银行打来电话。意外的是，他对于过去所发生的事竟然绝口不提，反而以轻松的语气问道："对于两年以上的贷款应该怎么算？"

　　那位经理事前一直预想银行方面会遭受激烈的攻击，但听到埃利的口气并不严重，便松了一口气，将利息的算法详细地说了出来。

　　"这样贷款是不是一般市面上最有利的方式？"

　　"当然！"经理赶快回答，"据我所知，这是目前最有利的一种贷款方式。"经理的语气十分惶恐，生怕再得罪这位难缠的客户。埃利表达了他很希望和银行恢复往来的愿望，并要求银行的经理让他获得一笔贷款。结果银行经理真的同意了他的要求。

找出对手的弱点，再小的弱点也可以借题发挥，虚张声势，从而起到威慑对手的作用，让自己获得更大的利益。

# 擒与纵的博弈：要想赢得多，就要提高筹码

我有一个外国朋友叫布莱恩，他是一家大公司的采办。平时，他很少自暴家丑，但有一次我们聊得不错，加之他酒后吐真言，说了他在谈判中如何遭到暗算的经历。

在一项采办中，有位卖主的报价是50万元。于是布莱恩委托公司的成本分析人员去调查卖方的产品。成本核算的结果表明，卖方的产品只需44万元就可以买到。布莱恩看过成本分析资料后，对44万元这一数字深信不疑。

一个月后，买卖双方开始谈判。谈判一开始，卖方便使用了很厉害的一招："先生，很抱歉，对于上一次50万元的报价，我必须作一下更改。原先的成本核算有误，致使我方错报了价格。经过重新核算，我现在要求的价格是60万元。"

卖方的发言人语调沉稳，使人觉得他所说的话无可置疑。

一时间，我的朋友布莱恩对自己所做的成本估计反而产生了怀疑。于是，买卖双方在60万元而不是50万元的价

格上讨价还价。谈判的结果最终以50万元成交。

事隔几年后，布莱恩向我说起这次谈判时还心有不甘："直到现在我还不明白，60万美元的喊价到底是真的还是假的。不过，我仍清楚地记得，当我最后以50万美元的价格和他成交时，我感到很满意。"

其实，布莱恩的卖主只是运用了"认知对比"的心理学原理。他先向布莱恩先生报一个惊人的高价，然后再作出让步，将价格逐渐降到原来的报价，以此来促成交易。

当然，这样的谈判技巧在生活中俯拾即是。在日常生活中，人们对每件事都有一个心理预期，只不过这预期并不固定。它会随着具体的情况以及心理的变化而变化。如果将心理预期比作秤砣的话：当秤砣变小时，它所称出的物体重量就大；当秤砣变大时，它所称出的物体重量就小。人们对事物的感知，就是受这秤砣的影响。

一家机械公司打算与一家零部件供应商合作，但是又觉得对方的价格太高了，于是总经理向该厂提出了一份书面要求，希望对方能够降低价格。

一周后，零部件供应商约他们去见面，希望可以就价格一事进行协商。但是当机械公司的代表到达零部件厂后，对方负责人并没有直接进入正题，而是向他介绍了公司的销售情况和成本，并为难地说到了来年不容乐观的财务前景。

机械公司的代表很纳闷，一头雾水，不知道该如何应对，为了掩盖自己的尴尬，他随意地翻看着自己手里的会议材料。放在最上面的一份材料是他们提出的那份书面要求。

他突然发现这份书面材料上经理提出的希望对方降价12%的建议，被秘书错误地打成了21%（而他们的最低底线是8%）。他现在终于明白了对方无厘头的开场白。

这样一来，他的心里就有数了，于是一言不发地坐在那里静观其变。结果，通过几个回合的讨价还价，双方最终以15%达成协议。

虽然这次谈判，机械公司赢得有点侥幸，但是这次的歪打正着让他们总结出了一个谈判的技巧：要想赢得多，开价就要高。

现在，这种在谈判桌上提高价钱的方法已经很普遍了，但是仍然很奏效。所以出于对这种对比心理的考虑，人们在谈判时总是会在开始时提出非常苛刻的要求，然后再提出一个妥协方案，当然这个妥协方案同样的苛刻，只不过它比第一个方案要宽松一点儿，对方在经过一番考虑之后会觉得这个妥协方案要宽松得多，所以乐意接受。

这种在谈判中时常会出现的秘诀，该如何操作呢？其实很简单：

第一步就是在初始阶段不能畏首畏尾，低要求是得不到高回报的，要大胆地提出过分的要求，当然这种要求也不能太离谱。因为要求过高，可能会让对方产生抵触心理，认为你没有诚意，从而破坏谈判的氛围，使谈判进入僵局。

第二步就是在对方讨价还价中要学会适时妥协，提出一个比原定方案要低的方案，当然这个方案相对来讲还是对自己有利的。这样一来，对方就会觉得这个方案比第一个方案要低一些，于是产生错误的认知：对方已经作出了让步。

当然，掌握这一原则还要注意一点，即在制定谈判的标准时千万要三思而行，不能太苛刻或离谱。

# 舍与得的博弈：让步也是重要的谈判手段

美国著名谈判学家尼伦伯格曾提出"一场圆满的、成功的谈判，每一方都应是胜利者"的理论。尼伦伯格所说的这种"每一方都是胜利者"的谈判，即"双赢"谈判。换句话说，就是把谈判当做一个合作的过程，通过谈判，不仅要找到最好的方法去满足双方的需要，还要解决责任和任务的分配，如成本、风险和利润的分配。能和对手和伙伴一样，共同寻找满足双方需要的方案，使费用更合理、风险更小。

2004年5月，可口可乐谈判代表与温州开发区管委会及招商局之间进行了大大小小20余场的谈判，最后双方在香港达成协议。谈判大多围绕地价、税收、过路费等敏感问题展开。因为问题敏感，所以每次谈判都十分激烈，谈到接近双方底线的时候就变成了将声音提高八度、语速加快一倍的大声"争吵"。整个谈判过程双方就和恋爱中的男女一样，吵吵闹闹、分分合合。

有时谈到"痛"处，管委会和招商局方就大喊："这么苛刻的条件，我们不干了！"有时可口可乐的谈判代表也会因为管委会不降低门槛而"翻脸"。但一旦有一方强硬起来，另一方就会"软"下来，好言相劝、降低价码，以维系双方之间的关系。整个过程既像谈了一场恋爱，又像孕育了一个孩子，既痛苦又快乐！不过最后他们在彼此的妥协和谅解中走向了"联姻"的殿堂。

让步是一种重要的谈判手段，是以退为进的一种哲学。让步的技巧在于：谈判前，要充分调查了解对方的情况，分析哪些问题是该谈的，哪些问题是没有商量余地的，还要分析什么问题对于对方来说是重要的，以及这笔生意对于对方重要到什么程度等等。同时也要分析自身的情况，把要问的问题事先列出一份问题单，仔细思考，否则谈判就会大打折扣。

一般缺乏经验的谈判者，最大的弱点就是不用心听对方发言，他们认为自己的任务就是谈自己的情况，说自己想说的话和反驳对方的反对意见。因此，在谈判中，他们总是想下面该说什么，不注意听对方发言，失去了许多宝贵信息。他们还错误地认为优秀的谈判员是因为说得多才掌握了谈判的主动权。

其实，成功的谈判员在谈判时把50%以上的时间用来听。"谈"是任务，而"听"则是一种能力，甚至可以说是一种天分。"会听"是任何一个成功的谈判员都必须具备的条件。在谈判中，应尽量鼓励对方多说。

如果对方拒绝我们的条件，就换其他条件构成新的条件问句，向对方作出新一轮发盘。对方也可用条件问句向我方还盘，双方继续磋商。

对于让步，不管是生意的买方还是卖方，都要注意一次让步不能过大。如果买方一次就作大笔金额的让步，会引起卖方对价格的坚持。所以，买方在让步时必须步步为营，一次只作少许的让步。再就是，在没有得到某个交换条件的时候，不要轻易让步。换句话说，不要不经充分讨论就让步。

# 攻与守的博弈：如何赢得谈判的主动权

心理学家指出，一个人在自己熟悉的环境中能产生一种优势心理效应，即"居家效应"。后来，"居家效应"被广泛地运用到谈判中。

日本的钢铁和煤炭资源短缺，渴望购买煤和铁。澳大利亚生产煤和铁，并且在国际贸易中不愁找不到买主。按理来说，日本人应该到澳大利亚去谈生意。但日本人总是会想尽办法把澳大利亚人请到日本来。

澳大利亚人一般都比较谨慎、讲究礼仪，而不会过分侵犯东道主的权益。澳大利亚人到了日本，使日本方面和澳大利亚方面在谈判桌上的相互地位发生了显著的变化。澳大利亚人过惯了富裕的舒适生活，他们的谈判代表到了日本之后没几天，就急于想回到故乡别墅的游泳池、海滨和妻儿身边去，在谈判桌上常常表现得情绪很急躁。而作为东道主的日本谈判代表则不慌不忙地讨价还价，逐渐掌握谈判桌上的主动权。结果日本方面用少量款待作为"鱼饵"，就钓到了"大鱼"，取得了大量谈判桌上难以获得的东西。

日本人在了解了澳大利亚人恋家的特点之后，宁可多花招待费用，也要把谈判争取到自己的主场进行，并充分利用主场优势掌握谈判的主动权，使谈判的结果最大程度地对己方有利。

有时候，在和谈判对手你来我往之间，常会感到自己置身在不利处境中，一时又说不出为什么。比如，座位刚好晒到太阳，阳光刺眼刺得看不清对手的表情；会议室纷乱嘈杂，常有噪音，干扰得听不清对方谈话的内容；连续谈判，使我方疲劳得不想再谈，急于结束谈判，而在我方疲劳和困倦的时候对方提出一些细小但比较关键的改动让人难以觉察。

更甚者，利用外部环境形成压力。例如，我国知识产权代表团首次赴美谈判时，纽约好几家中资公司都"碰巧"关门，忙于应付所谓的反倾销活动，美方企图以此对我方代表团造成一定的心理压力。

所有这些场景，都属于谈判对手的主场优势，这些优势有可能是客观条件，也有可能是主动设置，但其蕴涵的原理都一样，即利用心理战术——居家效应。这是因为在自己的领地，我们通常比陌生人生活的时间要长，在环境熟悉上占有优势。而陌生人由于环境的生疏和时间的关系，对很多事情都表现出好奇和笨拙。

所以在很多谈判与社交领域，很多人都选择"主场优势"，来发挥自己的"居家效应"，这也是为什么球场上有主客队的战绩区别很大的原因。

# 进与退的博弈：仓促达成的协议比达不成协议更糟糕

英国谈判专家克伦特在总结自己的谈判经验时说："仓促达成一项不尽如人意的协议比根本达不成协议更糟糕，粗糙地做完一件有损失的工作比根本不做工作更糟糕。因为不做还造不成损失，仓促地谈生意，对买卖双方都不是好事。"

2001年，朱宝麒代表美国磁源公司，带着微硬盘项目来中国寻求发展。经人介绍，朱宝麒与南方汇通董事长惠金根合作，成立了南方汇通微硬盘科技股份有限公司。公司注册资本1.66亿元人民币，总股本1.66亿股。

但项目的技术研发很快出现了问题，被日立公司提出诉讼。日立环球存储拥有5000项硬盘专利，对硬盘技术的覆盖可以说是无所不至，如果设计不出适当的专利方案，就会引发知识产权纠纷。

除技术专利的隐忧外，资金不足是另一隐患。为了满足微硬盘项目扩张的需要，朱宝麒开始与贵州世华数码创业投资有限公司接洽。世华公司的主要股东是贵州茅台集团和兖矿集团，双方达成合作协议，2003年8月成立了贵州世华微硬盘科技有限公司，注册资本2980万美元，由朱宝麒担任总裁。

但这个仓促上马的高科技项目并没有给贫困的贵州带来振兴。贵州省银监局局长邓瑞林在《贵州日报》上指出，截至2005年末，农、建、交、商四家商业银行共向贵州微硬盘公司累计发放贷款11.75亿元，产生不良贷款8.7亿元。

现在贵州微硬盘项目深陷泥潭，整个项目已经资不抵债，仅合1亿余元，投资已无法收回，而从磁源公司引进的微硬盘技术也在迅速贬值。虽然贵州方面正在进行努力地重组，但难度相当大。

企业间不能仓促地达成协议，国家间更是如此。因为一个协议关系到双方的利益。中国和美国关于纺织品的谈判就是非常典型的例子。

2005年8月31日，中国和美国针对纺织品贸易纠纷进行第四轮谈判。但由于双方在一些问题上仍存在较大分歧，再度无果而终。

此前，美国首席谈判代表大卫·斯普纳曾表示，美中都迫切希望解决这个问题。美中纺织品旧金山磋商结束后，双方已经接近达成协议。但是两国一致认为，宁愿多花一些时间达成一个好协议，也不愿仓促行事，斯普纳说："不能仅仅为了一个协议而达成一个坏协议。"

通常，在仓促的谈判中，你无法得到最佳的结果。仓促不利于作出理性的思考和判断，而且，花时间仔细考虑协议的后果也是十分重要的。你和你的公司都可能会为你在仓促之中达成的协议后悔不已。

# 高压战略：选择好的谈判地点，以逸待劳

柯英曾是美国风靡一时的谈判专家，但是在初始时却并不懂得谈判技巧。一次他代表公司和日本的一家企业谈判，他刚下飞机，来接他的日方代表就已等候在出口处，并用专车将他送到了指定的酒店。

在去酒店的路上，日方的接待员漫不经心地问柯英："不知您预备哪一天回美国，到时候我们还会派专车将您送到机场，您如果还有什么特殊的要求都可以告诉我。"

柯英被日方代表的热情感动了，于是掏出返程的机票给对方看。

柯英根本没有意识到其实他的这一举动出卖了他。在日方看来，他们之间的谈判已经开始了，而且在知道了他返程日期的那一刻谈判的胜负已经定了。

于是在接下来的日子里，日方对于谈判事宜只字不提，而是白天安排柯英到日本的各个风景名胜区参观游览，晚上由公司的负责人轮流邀请他参加家庭宴会。

当柯英问起谈判的事情时，日方代表总是会说："有时间，来得及。"

就这样一晃10天过去了。当然，柯英的自尊心得到了极大的满足，他觉得自己不虚此行。

在柯英回国的前两天，谈判开始了。但是第一天的谈判还没有开始就结束了，因为日方下午安排了高尔夫，于是柯英匆匆忙忙地走进谈判室不久就被专车接走了。

第二天，谈判继续进行，但是和前一天一样又匆忙结束了，因为日方为柯英安排了欢送会。

最后一天，谈判正式开始了，但是在谈判进入关键时刻时，柯英却该去机场了，于是谈判不得不在车上进行，等车子到了机场之后，谈判也刚好结束。但是毋庸置疑，谈判的受益方是日本。

想想看，柯英到日本谈判的时间本是充足的，可为什么日方却没有急着谈判，而是在柯英去机场的路上匆忙签订协议呢？

其实答案很简单，日方就是要柯英无法思考更多的细节，迫使他在最后关头就范。因为很多心理学家都已通过试验证明，越是在最后关头，人的心理压力会越大。

如果谈判在柯英到来之后就马上进行，那么双方都会根据自己的需要制定出详细的谈判底线，然后在预期的规定期限内完成谈判。但是随着时间的推移，双方可能都会因为谈判的压力情感有所起伏，那么谈判的最终期望值就会有所改变。

当谈判期限越来越接近，双方会为了各自的利益争论不休，这时压力会越来越大。而到底鹿死谁手，就要看彼此的心理承受力了。不能承受压力的一方只能被对方牵着鼻子走。这也就是为什么在很多谈判中，快结束时总是会有一方妥协的原因。

在整个谈判过程中，谈判期限短的一方，会承受更多的压力，让步的可能性也就会越大。所以在谈判前，调查出对方的谈判期限，便能在谈判中占据优势，这也正是日方代表能够轻松取胜的法宝。

# 疲惫战术：如何削弱对手的判断力

　　1944年，二战已进入尾声，反法西斯同盟在各个战线上都取得了重大的战果。为了妥善地处理战后遗留的问题，尤其是如何处置战后的德国问题，反法西斯同盟的领袖决定举行最高首脑会议。

　　问题的关键是会议要在哪里召开，时间定在什么时候。各国为了自己的利益，都希望可以按照本国的意志选择时间和地点。美国总统罗斯福当时的身体状况非常糟糕，所以他建议将会议的时间定在第二年的春天，会议地点不要太远，这样的话，他的身体才能吃得消。

　　老谋深算的斯大林早已猜到了罗斯福的用意，因为他知道罗斯福的身体状况，他也知道以罗斯福现在的身体状况是不可能精神抖擞地坚持完整个会议的。时间一长，罗斯福肯定会感到焦虑、虚弱、不耐烦，所以他会更容易让步。于是斯大林一再坚持，会议的时间不能太晚，因为形势太紧急，很多问题都迫在眉睫，最迟只能推到第二年的2

月份。

万般无奈之下，罗斯福只能同意斯大林的提议。随后斯大林又将会议的地点定在了克里米亚半岛的雅尔塔，这样一来斯大林就可以以逸待劳，而罗斯福却不得不拖着病体，硬着头皮前往冰天雪地的雅尔塔。

罗斯福刚到，无休止的会议安排就开始了，光首脑会议就有20余次，而罗斯福每次都要参加，会议之后的宴会、酒会、舞会，他更是一个都不能落下，这令本就疲惫不堪的罗斯福一直处于精神委靡的状态之中。

在谈判中，罗斯福强打精神与斯大林讨价还价，但是精神总是不能集中，很多细节的东西都没有注意到，所以最终还是被斯大林占了上风。协议签订之后，美国国人愤慨了，他们觉得罗斯福向苏联作了太多的妥协，是对自己祖国的背叛。

斯大林为什么能够在谈判中占上风呢？靠的就是心理战术，要知道当人的身体状况或者是精神状况不佳时，精神就很难集中，思路自然就不够清晰，从而致使判断力减退。斯大林让本来就身体不佳的罗斯福经历了长途的跋涉之后，又立即投入到繁忙的工作中，罗斯福自身的判断力就被削弱了，加上体力不支，妥协也就是理所当然的了。

人的精力和体力是有限的，如果在谈判中耐心地和对方周旋，让对方焦头烂额，消耗他的体力和精力，让他的判断力和思维能力都降低，自觉作出让步，那么我们在谈判中就可以为自己争取到更多有利的条件。人们将这一策略称为"疲劳战术"。

# 软与硬的博弈：关键时刻要学会避开锋芒

某公司因为经营状况的原因不得不辞退部分员工，当然被辞退的员工中也包括那些公司的业务骨干。

公司还没有对外宣布这个消息，但消息却已经不胫而走。

一名公司的骨干人员知道自己也在被辞退的行列，于是怒气冲冲地去找总经理理论。他一进办公室就连珠炮似的质问："公司的效益不好，员工就要成为替罪羔羊吗？我们可是一直在尽心尽力地为公司做事，你们真的就忍心把我们辞退，让那么多人失业吗？"总经理从来没有见过员工如此激动，更没有想过员工会这样和自己说话，所以一时竟无言以对。这时，正在和总经理商量事情的人事部经理突然对这位员工说道："慢点儿说，慢点儿说，公司还没有作出任何决定，你是从哪里得到这些消息的？"这位员工突然被这突如其来的发问僵住了，不知该如何回答。总经理乘机招手让他坐下，然后耐心地给他讲解公司现在的处境。听了经理的解释之后，这位员工终于平息了内心的怒火，心平气和地离开了。为什么这位员工会突然因为人事经理的一句话就克制住了自己激动的情绪呢？

因为当人情绪处于紧张状态时，如果有人用完全无关的信息或者事情来进行干扰，无论是谁，注意力都会出现暂时的转移，那么紧张的情绪也就会得到缓解。人们将这种现象称为"转移暗示"。

所以当你与人对抗或者是谈判时，如果因为某个问题而使进展陷入僵局，或者对方滔滔不绝地只顾阐释自己的观点，你不妨先将事情暂时放一放，转而和颜悦色地对他说："说得很对！""就是这样的。""差不多。"如此一来，对方的思绪就会被暂时打乱，如果你能够再略施一点儿小计，说不定对方会糊涂了，忘记自己刚才说过的话。

# 藏与露的博弈：分散对方的竞争意识

美国的独立战争是美国人民争取民族权利的斗争，而《独立宣言》的签署更是让美国人争取自由、平等的精神以文件的形式固定了下来。也许不明内情的人会认为，《独立宣言》的签署一定是在热烈的气氛中进行的。但事实却恰恰相反。

《独立宣言》起草之后，遭到了很多人的质疑，所以关于是否签署的问题出现了分歧，一部分人希望立即签署，而另一部分人则要求在修改之后再协商签署问题。

希望马上签署宣言的一方为了尽快实现梦想，将协商的会场安排在了一个大马厩的旁边。当时正是盛夏，马厩里的蚊蝇很多，而代表们都是穿着马裤和丝袜来参加会议的，所以蚊蝇可以轻而易举地"亲吻"他们的肌肤。

代表们一边商讨宣言的定稿，一边还要不时地用手驱赶蚊蝇，加之天气过于炎热，他们各个焦躁不安、心烦意乱，时间一长，代表们都厌烦了这个可恶的地方，希望能够尽快离开，于是他们草草地在《独立宣言》上签了字。

对此，《独立宣言》的起草人杰弗逊说："在不舒服的环境下，人们可能会违背本意，言不由衷。"

的确是这样，环境对人的情绪有直接的影响。其实在现实生活中这样的事情会经常见到，如那些生意兴隆的快餐店，大多都建立在比较繁华的街道，而且总是在人最嘈杂的地方。

店主为什么不为顾客创造一种清净的环境让他们好好吃饭呢？原来，当你进入快餐店看到熙熙攘攘的人群时，是不是特别希望赶紧吃完离开这里呢？这样一来老板就可以提高每张桌子的利用率，多赚些钱。

其实一些聪明的谈判者早已经注意到了环境对人们情绪的影响。所以他们总是会寻找那些能够干扰人们情绪的地点，让对方的身心都觉得不舒服，从而失去更多的防范意识，屈从于你的想法，这就是所谓的"干扰战术"。历史上很多谈判者就是利用这个方法取得成功的。

那些刚进入社交场合的人，如果想让自己摆脱别人的控制，就必须将谈判的地点设在自己比较熟悉而对方陌生的地方，当然最好是能再加一些使对方心烦意乱的小插曲。如若不能，至少也要选择那些能让我们觉得舒服、轻松自在的地方。

# 成功中的博弈——掌控人生的罗盘针

# 掌控你的生活：赢在起点

马太效应来自于《圣经·马太福音》中的一个故事：

一位主人将要远行到国外，临走之前，他将仆人们叫到一起，把财产委托给他们保管。

主人根据每个人的才干，给了第一个仆人5个塔伦特（注：古罗马货币单位），给第二个仆人2个塔伦特，给第三个仆人1个塔伦特。

拿到5个塔伦特的仆人把它用于经商，并且赚到了5个塔伦特。

同样，拿到2个塔伦特的仆人也赚到了2个塔伦特。

但是拿到1个塔伦特的仆人却把主人的钱埋到了土里。

过了很长一段时间，主人回来与他们算账。

拿到5个塔伦特的仆人，带着另外5个塔伦特来到主人面前说："主人，你交给我5个塔伦特，请看，我又赚了5个。"

"做得好！你是一个对很多事情充满自信的人，我会让你掌管更多的事情，现在就去享受你的土地吧！"同样，拿到2个塔伦特的仆人，带着另外2个塔伦特来了，他说："主人，你交给我2个塔伦特，请看，我又赚了2个。"

主人说："做得好！你是一个对一些事情充满自信的人，我会让你掌管很多事情，现在就去享受你的土地吧！"最后，拿到1个塔伦特的仆人来了，他说："主人，我知道你想成为一个强人，收获没有播种的土地，我很害怕，于是就把钱埋在了地下。看那儿，那儿埋着你的钱。"

主人斥责他说："又懒又缺德的家伙，你既然知道我想收获没有播种的土地，那么你就应该把钱存在银行里，在我回来后连本带利地还给我。"

然后他转身对其他仆人说："夺下他的1个塔伦特，交给那个赚了5个塔伦特的人。"

"可是他已经拥有10个塔伦特了。"

"凡是有的，还要给他，使他富足；但凡没有的，连他所有的，也要夺去。"

20世纪60年代，著名社会学家罗伯特·莫顿首次将"贫者越贫，富者越富"的现象归纳为"马太效应"。它反映了当今社会中存在的一个普遍现象，即赢家通吃。在"赢家通吃"的社会里，游戏规则往往都是赢家制定的。

马太效应无处不在、无时不有，无论在生物演化、个人发展，还是国家、企业间的竞争中，它都普遍存在。对企业经营发展而言，要想在某一个领域保持优势，就必须在此领域迅速做大。当你成为某个领域的领头羊时，即使投资回报率相同，你也能更轻易地获得比弱小的同行更大的收益。

微软在互联网时代的垄断地位就为我们提供了一个很好地理解马太效应的事例。

从DOS 到Windows 系统，微软一直占领着个人电脑操作系统90% 以上的市场份额，这为它积累了巨大的信誉度。网络增值的规律是规模越大，用户越多，产品越具有标准性，所带来的商业机会就越多，收益呈加速增长趋势。由于电子信息业较新，许多产品规格尚未标准化。谁能够建立标准规格或者跟对了赢家的规格，谁就是马太效应的获利者。在这方面，可以说微软就是标准规格的建立者，绝大多数硬件、软件开发商都要考虑自己的产品与微软的兼容性。

马太效应给人们揭示了一个"不断增长个人和企业资源的需求原理"。它是影响个人事业成功和企业发展的一个重要的法则。在这个赢家通吃的社会里，富人享有更多的资源：金钱、荣誉以及成功，穷人却变得一无所有。贫者越贫，富者越富。善用马太效应，赢家就是你。

# 不要做"穷忙族"：管理好你的时间

在法国里昂，一位70岁的布店老板快要不行了。在他临终前，家人请来了牧师。

布店老板告诉牧师，他年轻时很喜欢音乐，曾经和著名的音乐家卡拉扬一起学吹小号，而且当时的成绩远在卡拉扬之上，老师也非常看好他的前程。可惜20岁时他迷上了赛马，结果把音乐荒废了，否则他也许会成为出色的音乐家。现在生命快要结束了，反思一生碌碌无为，他感到非常遗憾。到另一个世界后，如果再选择，他绝不会再干这种傻事。

牧师很体谅他的心情，尽心地安抚他，并告诉他，这次忏悔对牧师本人也很有启发。

这位牧师就是法国最著名的牧师纳德·兰塞姆。无论在穷人心目中，还是在富人区域里，他都享有很高的威望。他一生中有1万多次站在临终者面前，聆听他们的忏悔。

纳德·兰塞姆去世后，被安葬在圣保罗大教堂，墓碑上工工整整地刻着他的手迹：假如时光可以倒流，世界上将有一半的人可以成为伟人。

纳德·兰塞姆老了，他没有将另一层意思明确说出来。如果人们将临终反思提前50年、40年、30年，那么世界上会有一半的人可以成为伟人。

每个人最后的反思，不到最后一刻，谁也不知道。但是，如果每个人都把反思提前几十年，做到了这点，便有50%的可能让自己成为一个了不起的人。

18岁之前，周迅是个不知道自己想要什么的人，那时她整天在浙江艺术学校里跟着同学唱歌、跳舞。偶尔有导演来找她拍戏，她就会很兴奋地去拍，无论多小的角色。如果不是老师跟她的那次谈话，也许直到今天，周迅仍然是一个默默无闻的演员。

那是1993年5月的一天，教周迅专业课的赵老师突然找她谈话"周迅，你能告诉我，你对未来的打算吗？" 周迅愣住了。她不明白老师怎么突然问她如此严肃的问题，更不知道该怎么回答。

老师又问："你对现在的生活满意吗？"她摇摇头。

老师笑了："不满意的话证明你还有救。你现在就想想，10年以后你会是一个什么样子？"

老师的话音很轻，但是落在周迅心里却变得很沉重，她脑海里顿时风起云涌。沉默许久，她看着老师的眼睛，坚定地说："我希望10年以后自己成为最好的女演员，同时可以发行一张属于自己的音乐专辑。"

老师高兴地问她："你确定吗？"

她慢慢地咬紧嘴唇回答："是！"

老师接着说："好，既然你确定了，我们就把这个目标倒着算回来。10年以后，你28岁，那时你是一个红透半边天的大明星，同时出了一张专辑。那么你27岁的时候，除了接拍各名导演的戏外，一定还要有一个完整的音乐作品，可以拿给很多很多的唱片公司听，对不对？25岁的时候，在演艺事业上你就要不断进行学习和思考。另外在音乐方面一定要有很棒的作品开始录音了。23岁就必须接受各种各样的培训和训练，包括音乐上的和肢体上的。20岁的时候就要开始作曲、作词。在演戏方面就要接拍大一点的角色了。"

老师的话说得很轻松，但是周迅却一阵恐惧。这样推下来，她应该马上着手为自己的理想作准备了，可是现在却什么都不会、什么都没想过，仍然为能接到小丫鬟之类的角色沾沾自喜。周迅觉得有一种强大的压力忽然朝自己袭来。

老师平静地笑着说："周迅，你是一棵好苗子，但是你对人生缺少规划，散漫而且混乱。我希望你能在空闲的时候，想想10年以后的自己，到底要过什么样的生活，到底要实现什么样的目标。如果你确定了目标，那么希望你从现在就开始做。"

想想10年后的自己。是的，当我们意识到这个问题的时候，我们会发现整个人都觉醒了。其实每个人都一样，如能及时地问自己一句："10年后我会怎么样？"你就会发现，你的人生会在不知不觉中发生变化。时刻想着10年后的自己，你会朝着自己的梦想越走越近。

# "致命"临界点：成功就是再坚持一点点

爬山爬到一定的时候，你会感到筋疲力尽，再也不想往上爬一步，但如果咬紧牙关坚持爬，过一会儿你就会感到全身开始舒服起来，爬山的乐趣也油然而生；跑步跑到一定的时候，你也会感到筋疲力尽，但如果咬紧牙关坚持跑，过一会儿你就会感到呼吸顺畅起来，两条腿也好像自动跑了起来，继续跑下去的勇气会转变成一种轻松的向前跑的惯性，接着继续跑下去，你就能跑出很远。

不管是爬山，还是跑步，在你咬紧牙关的那一刻，就是你做一件事情的临界点，如果你坚忍不拔地坚持下去，就会挺过临界点，进入一种新的境界，不再害怕将要面对的更长、更困难的挑战，并且在迎接挑战的过程中会得到一种身心乐趣、一份成就感和一份自信。

在工作和事业中要取得成功，也需要我们有挺过临界点的勇气和坚持到底的耐力。很多人在工作中十分浮躁，总觉得自己做的是小事，其实这个世界上小事做不好的人绝对不可能做好大事，能否认真地把一件事情做完是一个人能否取得成功的重要标志。

世界上的事情经常很容易开始，但很难有圆满的结局。因为圆满意味着必须走完全程，意味着必须历经千难万险，意味着遍体鳞伤也决不放弃，意味着受尽伤害依然心地善良，意味着在到达临界点的时候咬紧牙关继续迈着疲劳的双腿向前奔跑，直到最后肉体和精神为了同一个目标合二为一。

不能跨越生命的临界点，我们就会吃尽失败的苦头；而要想跨越生命的临界点，我们可能需要经受更多的考验。但是，只要你能够忍受黎明前最黑暗的那一刻，太阳一定会带着满天的朝霞为向着东方奔跑的你灿烂升起。

# 克制障碍：在人生的路途中，要时时清理你的鞋子

在非洲草原上，有一种不起眼的动物叫吸血蝙蝠，这种蝙蝠靠吸动物的血生存，虽然它的身体极小，却是野马的天敌。在攻击野马时，它常附在野马腿上，用锋利的牙齿迅速、敏捷地刺入野马腿，然后用尖尖的嘴吸食血液。无论野马怎么狂奔、暴跳，都无法驱逐这种蝙蝠，蝙蝠从容地吸附在野马身上，直到吸饱吸足才满意而去。而野马却无奈地死去。

动物学家们百思不得其解，小小的吸血蝙蝠怎么会让庞大的野马毙命呢？于是，他们进行了一次实验，观察野马死亡的整个过程。结果发现，吸血蝙蝠所吸的血量是微不足道的，远远不会使野马毙命。动物学家们在分析这一问题时，一致认为野马的死亡是它暴怒的习性和狂奔所致，而不是蝙蝠吸血所致。

在生活中，将人们击垮的有时并不是那些看似灭顶之

灾的挑战，而是一些微不足道的、鸡毛蒜皮的小事。由于一些人不善于清点和梳理自己的工作与生活，分不清事情的轻重缓急，将大部分时间和精力无休止地消耗在这些鸡毛蒜皮的小事之中，或消耗在本该让他人做的事情上，在盲目的忙碌中偏离了自己的角色，最终一事无成，正像小小的蝙蝠能把强大的生命置于死地一样。

伏尔泰曾说，使人疲劳的不是远方的高山，而是鞋子里的一粒沙子。在人生的道路上，我们很有必要学会随时倒出鞋子里那颗小小的沙粒。

# 成功的试金石：错误是产生创意的垫脚石

1912 年，当汽车工业正开始发展时，凯特林想要改进汽油在引擎内的使用效率。他的难题是汽车的"爆震"，即汽油要在一段长时间后，才能在汽缸中燃烧，因而降低使用效率。

凯特林开始想办法解决爆震问题，他自忖："怎样才能使汽油在汽缸里提早燃烧？"关键字眼在"提早"。他想到研究类似的情况，于是便到处寻找"提早发生的事物"模式。他想到历史模式、心理模式以及生物模式。最后他想到一种特别的植物——蔓生的杨梅，它在冬天开花（比其他植物要早）。杨梅的主要特性之一是它的红叶子可以保留住某波长的光线，于是凯特林认为一定是红颜色使杨梅的花提早开放。

凯特林的连锁思考进入了重要步骤。他自问："汽油要怎样才能变成红色？也许在汽油里加红色染料，汽油就会提早燃烧。"他在工作室找了半天，也找不到红色染料，倒找到了一些碘，于是他把碘放进汽油里，引擎居然没有发生爆震。

几天后，凯特林想要确定是不是碘的颜色解决了他的难题。于是他拿一些红颜料放进汽油里，但引擎仍然发生了爆震！凯特林这才知道不是"红色"解决了爆震问题，而是碘所含的某种成分。

这个故事说明错误是产生新创意的垫脚石。假如他早知道"红色"不能解决爆震问题，那么他可能不会在汽油里加碘，也就不会意外地找到解决方法。"尝试——错误"是美国心理学家桑代克于19世纪末20世纪初根据大量动物实验得出的问题解决的理论。其中用猫做的"迷笼"实验最为经典：将猫放在一个特制的迷笼内，笼外放有可望不可即的食物。猫在笼中乱撞乱跑时偶然触动了开关，从而得到食物。在以后的重复实验中，猫的纷乱动作随着尝试次数的增多而逐渐减少，最后猫一进入迷笼就会去触动开关，从而一下就得到了食物。

桑代克认为，动物学习的过程是一个不断尝试、不断错误，最后获得成功的渐进过程，问题解决是在一定的情境和一定的行为多次联结中最终达到一定目的或效果的学习行为。

人的学习与动物的学习在本质上是一样的，只是复杂程度不同。据此他认为，以上观点也适用于人类的学习。

耶垂斯基说："假如你想打中，先要有打不中的准备。"这就是生命的游戏。

尝试的结果要么是偶然的成功，要么是注定的失败。但正是这一次次不断的探索和尝试，才让我们到达了成功的彼岸。

许多人认为成功与失败是相对的。事实上，它是一件事的两面。以耶垂斯基上面说过的话为例，打靶有打中与打不中两种情形。这同样适用于创造性思考：它能孕育出新创意，也会产生错误。

# 应变而动：要时刻保持危机感与忧患意识

百事可乐公司的负责人韦瑟鲁普在公司蒸蒸日上的时候，提出了"末日管理"理论。他经常以大量令人信服的信息让员工体会到危机真的会来临，"末日"似乎不远，以此激发员工不断积极向上的斗志，并要求公司的年经济增长率必须保持在15%以上。近几年，百事可乐快速追赶并超过可口可乐的业绩充分说明了"末日理论"的实用性。

比尔·盖茨同样是个危机感很强的人。微软著名的口号"不论你的产品多棒，你距离失败永远只有18个月"，正是这种危机意识的体现。

当微软利润超过20%的时候，他强调利润可能会下降；当利润达到22%时，他还是说会下降；到了今天的水平，他仍然说会下降。他认为这种危机意识是微软发展的原动力。

迅速变化的环境往往能调动起机体的反应机制，缓慢变化的环境往往是最危险的。我们应保持高度的觉察能力，并且重视造成组织危机的那些缓慢形成的的关键因素。

在生活中，突如其来的外在刺激或强敌往往能使人奋起，让人发挥出意想不到的潜力，而慢慢地腐蚀却往往使人防不胜防，一蹶不振。这就是为什么当生活的重担压得我们喘不过气，挫折、困难堵住了四面八方的通口时，我们往往能杀出重围，开辟出一条活路；可是在贪图享乐或是志得意满、维持功名的时候，我们反倒会在阴沟里翻船，弄得一败涂地、不可收拾！

人的发展需要危机感与忧患意识。人们一旦意识到自己所处的社会环境是不利的或者是相对劣势的，一般都会尽最大的努力去提高自己或直接改造自己所处的环境，以达到自己与社会环境的统一和平衡。但当人们对自己所处的环境很满意时，则会在相对平衡中失去潜在的积极性与进取心，从而放弃努力。这样，一旦环境因素有了变化，我们就会出现对新环境的不适应，缺乏应有的适应能力，最终被新环境所拒绝或淘汰。

在快速发展的现代社会，环境对个人的要求是不断提高的，社会本身也是不断发展与进步的，因而没有绝对的平衡，也没有绝对的适应，人们的生存危机总是存在的，因此，每个人都必须要有一定的危机感和忧患意识。

## 经验藩篱：经验也会成为成功的屏障

一头驴子驮着几袋沉甸甸的盐，走在山路上，它又累又热，呼呼直喘气。突然眼前出现了一条小河，驴子走到河边喝了两口水，这才觉得有了些力气。

喝饱水后，驴子开始下水准备过河。河水清澈见底，河床上形状各异的鹅卵石能看得清清楚楚，驴子只顾欣赏美景，一不留神蹄子一滑，摔倒在小河里，好在河水不深，驴子赶紧站了起来，奇怪的事情发生了，它发现背上的分量轻了不少，走起来也不感到吃力了。

驴子很高兴，并总结出一条结论："在河里摔一跤，背上的东西便会轻许多！"

不久，又要运东西了，这次驴子驮的是棉花。前边又是那条小河，驴子想起了上次的经历，不由想："背上的棉花虽说不重，可是路途遥远，再轻一些不是更好吗？"于是喝完水后，它开心地向河里走去。到了河中心，它故意一滑，又摔倒在小河里。

这次驴子故意慢腾腾地站了起来。哎呀，太可怕了，背上的棉花怎么变得这么重呀！比上次那几袋盐还要重好几倍。

一次偶然的成功经验，并不能被尊奉为一生一世的成功法则，每一个新的开始都需要付出新的努力。世上没有一成不变的事物，也没有放之四海而皆准的真理。

在美国康奈尔大学，著名的威克教授做过一个十分有趣的实验。首先，他把一只玻璃瓶平放在桌子上，瓶的底部朝着窗户有光亮的一方，瓶口敞开，然后放进几只蜜蜂。只见蜜蜂在瓶子内朝着有光亮的地方飞去，不停地在瓶底上寻找出口，结果都只能撞在瓶壁上。经过几次飞行后，它们终于发现自己永远也无法从瓶底飞出去，于是只好认命，奄奄一息地停在有光亮的瓶底。

接着威克教授把蜜蜂放出来，仍然将瓶子按原来的样子摆好，再放进几只苍蝇。但是这次没过多久，苍蝇就一只不剩地全部从瓶口飞了出来。

在这个实验中，苍蝇和蜜蜂的命运截然不同。苍蝇为什么能找到出路？原来，它们坚持多方尝试，飞行时或向上，或向下，或背光，或向光，一旦碰壁发现此路不通，便立即改变方向，最后终于找到瓶口飞了出来。苍蝇靠不懈的努力在碰壁后总结教训，最终找到了出路。而蜜蜂却一条道走到黑，即使面对无法逾越的瓶底也不回头，自然只能陷于困境。

在蜜蜂的思维里，玻璃瓶的出口必然会在光线最明亮的地方。可怜的蜜蜂没有意识到环境发生的变化，还一味地坚持业已形成的经验，不停地重复着这种合乎逻辑的行动，最终以失败告终。而苍蝇则对事物的逻辑毫不在意，也全然不顾光亮的吸引，在瓶中四下乱飞，结果误冲误撞地碰上了好运气。

苍蝇的头脑肯定是简单的，可是那些头脑简单的动物往往会在智者消亡的地方顺利获得成功。因此，苍蝇在非常规思维中和无目标的飞行下得以撞上那个正中下怀的出口，并幸运地获得了自由和新生。

蜜蜂之误固然可笑，然而现实生活中人们往往也重复着蜜蜂的"经验"而浑然不觉。把"经验"当作"知识"往往是使成功变成"失败之父"的枢纽。人们太相信自己过去的成功和经验，并把它当作放之四海而皆准的"知识"进行放大，结果只能陷入误区而导致失败。

与其坐以待毙，不如横冲直撞，因为后者的做法比前者聪明且有用得多。威克教授总结到："这件事说明，实验、坚持不懈、冒险、即兴发挥、最佳途径、迂回前进、混乱、刻板和随机应变，所有这些都有助于应付瞬息万变的形势。"

# 目标决定成败：伟大的目标促成伟大的人物

成山角位于胶东半岛东端，三面环海，是渤海、东海航道的必经之地。以前由于这里属浅海地区，加上暗礁丛生，夏秋两季又雾气缭绕，能见度低，又没有灯塔，因而过往渔船时常触礁或搁浅。附近的渔民经常拣些碎船板子当柴烧。后来，这里建起了高达20米的灯塔。从此，附近的渔民几乎再也找不到当柴烧的碎船板子了。

一座小小的灯塔避免了多少无法估量的损失！

心理学家曾经做过一个相关的实验：

组织3组人，让他们分别向10公里以外的3个村庄进发。

第一组人既不知道村庄的名字，也不知道路程，只告诉他们跟着向导走就行了。刚走出两三公里，有人就开始叫苦；走到一半的时候，有人几乎愤怒了，他们抱怨为什么要走这么远，何时才能走到头，有人甚至坐在路边不愿走了；越往后走，他们的情绪也就越低落。

第二组人既知道村庄的名字，也知道路程，但路边没有记录路程的路标，只能凭经验来估计行程的时间和距离。走到一半的时候，大多数人想知道已经走了多远，比较有经验的人说："大概走了一半的路程。"于是，大家又簇拥着继续向前走。当走到全程的3/4的时候，大家的情绪开始低落，觉得疲惫不堪，而路程似乎还有很长。当有人说"快到了"的时候大家又振作起来，加快了前进的步伐。

第三组人不仅知道村庄的名字、路程，而且还知道公路旁每一公里就有一块记录路程的路标。他们边走边看路标，每缩短一公里大家便有一小阵子的快乐。行进中他们用歌声和笑声来消除疲劳，情绪一直很高涨，所以很快就到达了目的地。

心理学家最后得出这样的结论：当人们的行动有了明确的目标，并能把自己的行动与目标不断地加以对照，进而清楚地知道自己的行进进度与目标之间的距离时，人们行动的动机就会得到维持和加强，就会自觉地克服困难，努力达到目标。

在我们的生活中到处都有路标，却没有目标。人生没有目标就容易失去方向，如同无舵之船、无缰之马，离成功只能越来越远。罗斯福总统夫人与萨尔洛夫将军曾有这样一次对话。罗斯福总统夫人在本宁顿学院念书的时候，打算在电讯业找一份工作，以补贴生活。她的父亲为她引见了自己的一个好朋友——当时担任英国无线电公司董事长的萨尔洛夫将军。

萨尔洛夫热情地接待了她，并认真地问："想做哪一份工作？"她回答说："随便吧。萨尔洛夫神情严肃地对她说："没有任何一份工作叫'随便'。"片刻之后，萨尔洛夫目光逼人，以长辈的口吻提醒她说："成功的道路是目标铺出来的。"

的确如此，如果人生没有目标，就好比在黑暗中远征。人要有目标，一辈子要有一辈子的目标，一个时期要有一个时期的目标，一个阶段要有一个阶段的目标，一个年度要有一个年度的目标，一个月份要有一个月份的目标，一个星期要有一个星期的目标，一天要有一天的目标……一个人追求的目标越崇高越直接，他进步得就越快，对社会也就越有益。有了崇高的目标，然后矢志不移地努力，就会成功，反之将一无所成。

将心理学家的结论用哲人的语言来表达，那就是：伟大的目标构成伟大的心灵，伟大的目标产生伟大的动力，伟大的目标促成伟大的人物。

# 目标设定：有专一目标，才有专注行动

要想成功，就得制定一个奋斗目标。但是，目标并不是不切实际地越高越好。每个人都有自己的特点，有别人无法模仿的一些优势。只有好好地利用这些特点和优势去制定适合自己的高目标和实施目标的步骤，才可能取得成功。

对任何人都一样，在实施目标时，只有目标既是未来指向的，又是富有挑战性的时候，它才是最有效的，这就是"洛克定律"。

洛克定律又可称作"篮球架"原理。大多数人都有打篮球的经历，你想过篮球架为什么要做成现在这样的高度吗？如果把篮球架做成两层楼那么高，谁也别想把球投进篮筐，那谁还会来玩？

反过来，要是篮球架只有普通人那么高，随便谁都能伸手灌篮，那也就没什么意思了。正是因为篮球架有一个只有跳一跳才能够得着的高度，才使得篮球成为了世界性的体育项目。它告诉我们，一个"跳一跳，够得着"的目标最有吸引力，只有这样的目标，人们才会以高度的热情去追求。因此，要想调动人的积极性，就应该制定这种"高度"的目标。

美国加利福尼亚大学的学者做了这样一个实验：把6只猴子分别关在3间空房子里，每间2只，房子里分别放着一定数量的食物，但放的位置高度不一样。第一间房子的食物就放在地上，第二间房子的食物分别从易到难悬挂在不同高度的位置上，第三间房子的食物悬挂在房顶。数日后，他们发现第一间房子的猴子一死一伤，伤的缺了耳朵断了腿，奄奄一息。第三间房子的2只猴子也死了。只有第二间房子的猴子活得好好的。

究其原因，第一间房子的2只猴子一进房间就看到了地上的食物，于是，为了争夺唾手可得的食物而大动干戈，结果伤的伤，死的死。第三间房子的猴子虽作了努力，但因食物太高，难度过大，够不着，被活活地饿死了。

第二间房子的2只猴子先是各自凭着自己的本能蹦跳取食，然后在房间里跑对角线增加助跑距离跳跃取食，最后，随着悬挂食物高度的增加，难度增大，2只猴子只有协作才能取得食物，于是，一只猴子托起另一只猴子跳起取食。这样，它们每天都能取得够吃的食物，很好地活了下来。

在现实中，我们做事之所以会半途而废，其中的原因往往不是因为难度较大，而是觉得成功离我们较远，确切地说，我们不是因为失败而放弃，而是因为倦怠而失败。我们可以为自己制定一个总的高目标，但也一定要为自己制定一个更重要的实施目标的步骤。千万别想着一步登天，多为自己制定几个篮球架子，然后一个个地去克服和战胜它，久而久之你就会发现，你已经站在了成功之巅。

# 分解成功：每一处出口都是另一处的入口

1984年，在东京国际马拉松邀请赛中，名不见经传的日本选手山田本一出人意料地夺得了世界冠军。当记者问他为什么可以取得如此惊人的成绩时，他说了这么一句话："凭智慧战胜对手。"

当时许多人都认为这个偶然跑到前面的矮个子选手是在故弄玄虚。马拉松赛是体力和耐力的运动，只要身体素质好又有耐性就有望夺冠，爆发力和速度都还在其次，说用智慧取胜确实有点勉强。

两年后，意大利国际马拉松邀请赛在意大利北部城市米兰举行，山田本一代表日本参加比赛。这一次，他又获得了世界冠军。记者再次请他谈经验。

山田本一性情木讷，不善言谈，回答的仍是上次那句话："用智慧战胜对手。"这回记者没再挖苦他，但对他所谓的智慧却始终迷惑不解。

10年后，这个谜终于被解开了，山田本一在自传中这样写道：

每次比赛之前，我都要乘车把比赛的线路仔细地看一遍，并把沿途比较醒目的标志画下来，比如第一个标志是银行、第二个标志是一棵大树、第三个标志是一座红房子……这样一直画到赛程的终点。

比赛开始后，我就以百米的速度奋力地向第一个目标冲去，等到达第一个目标后，我又以同样的速度向第二个目标冲去。40多公里的赛程，被我分解成几个小目标轻松地跑完了。起初，我并不懂这样做的道理，我把目标定在40多公里外终点线上的那面旗帜上，结果我跑到十几公里时就疲惫不堪了，我被前面那段遥远的路程给吓倒了。

在人生的旅途中，我们稍微有一点山田本一的智慧，也许就会减少许多懊悔和惋惜。

古印度人有个捕捉猴子的神秘妙法：在群猴经常出没的原始森林里，放上一张装有抽屉的桌子，抽屉里放一个苹果或者桃子，然后将抽屉拉到猴子的手能插进去而苹果或桃子拿不出来的程度，猎人就可远离桌子静静地安心等待。每一次，猎人都会看到这么一幅可爱的画面：猴子将手伸进抽屉里取桃，桃子却怎么也取不出来，而猴子又死活不肯放弃，于是，贪婪的猴子急得两眼冒绿光，却又无计可施。

这种古老的方法使很多聪明的猴子轻而易举地成了猎人手到擒来的猎物。

有一天，一个猎人又用这个办法准备擒捉一只在附近活动了很久的猴子。

一会儿，那只猴子终于探头探脑地走到了桌子旁边。它先将一只手伸进抽屉里取苹果，但苹果太大，抽屉缝又太小，任它怎么努力也取不出来。于是猴子又将另一只手也伸了进去。两只胳膊飞快地在抽屉里翻动。不一会儿，一个又大又圆的苹果被它用尖利的指甲抠成了一堆苹果碎块，猴子扔掉果核，用手掏出抽屉里的苹果碎块有滋有味地吃起来。吃完后，它心满意足地扬长而去。

这只聪明的猴子将苹果化整为零抠成碎块，因此获取了整个苹果，避免了其他猴子失败的悲剧。

古特雷曾说："每一处出口都是另一处的入口。"但是并非所有人都能明白其中的道理。许多人贪婪居功，将自己的一生紧紧系在一个硕大的成功果实上，结果就像那些紧紧拿住苹果而束手待擒的猴子，忙碌一生，连"苹果"的皮也没有尝到。而另一些人知道先将成功一点点分解，虽然每次得到的只是微不足道的一点点，但一次又一次的积累，使他们最终获取了圆满的成功。

# 跨栏定律：希望在，出路就在

一位名叫阿费烈德的外科医生在解剖尸体时，发现了一个奇怪的现象：那些患病器官并不像人们想象的那样糟，在与疾病的抗争中，为了抵御病变，它们往往要比正常的器官具有更强的机能。

这种现象阿费烈德最早是从一个肾病患者的遗体中发现的。当他从死者的体内取出那只患病的肾时，发现那只肾要比正常的大；当他再去分析另外一只肾时，发现另外一只肾也大得超乎寻常。在多年的医学解剖中，他不断地发现包括心脏、肺等几乎所有人体的器官都存在着类似的情况。

阿费烈德为此撰写了一篇颇具影响力的论文，他认为患病器官因为和病毒作斗争而使器官的功能不断增强。假如有两只相同的器官，当其中一只器官死亡后，另一只器官就会努力承担起全部的责任，从而变得更加强壮。

在给美术学院的学生治病时他又发现了一个奇怪现

象，这些搞艺术的学生的视力大不如人，有的甚至还是色盲。阿费烈德觉得这是病理现象在社会现实中的重复，于是把自己的思维触角延伸到了更为广泛的层面。

在对艺术院校教授的调研过程中，结果与他的预测完全相同。一些颇有成就的教授之所以能走上艺术道路，原来大都是受了生理缺陷的影响，缺陷不是阻止了他们，相反促使他们走上了艺术道路。

阿费烈德将这种现象称为"跨栏定律"：竖在你面前的栏杆越高，你跳得也越高。其实，阿费烈德的"跨栏定律"，可以解释生活中的许多现象，譬如盲人的听觉、触觉、嗅觉都要比一般人灵敏；失去双臂的人平衡感更强，双脚更灵巧。所有这一切，仿佛都是上帝安排好的，如果你不缺少这些，你就无法得到它们。

不少人认为天才或成功是先天注定的。但是，世上被称为天才的人，肯定比实际上成就天才事业的人要多得多。为什么？许多人一事无成，就是因为他们缺少雄心勃勃、排除万难、迈向成功的动力，不敢为自己制定一个高远的奋斗目标。不管一个人有多么超群的能力，如果缺少一个认定的高远目标，也将一事无成。设定一个高目标，就等于达到了目标的一部分。

# 人生界定：放弃，是经营人生的一种策略

有一个这样的娱乐节目，内容是主持人拿出一大沓钞票，这一大沓钞票面值不一而且叠放杂乱，在规定的3分钟内，让现场临时选拔出的4名观众进行点钞比赛。这4名参赛的观众中，谁数得最多，数目又最准确，那么，他就可以获得自己刚刚所数得的现金。

主持人将游戏规则一宣布，顿时引起全场轰动。在3分钟内，不说数几万，应该也能数出几千来吧。而在短短的几分钟内，就能获得几千块钱的奖励，能不叫人刺激和兴奋吗？

游戏开始了，4个人开始埋头迅速地数起钞票来。当然，在这3分钟内，主持人是不会让你安心数钞票的，他会拿着话筒，轮流给参加者出脑筋急转弯的题目，来打断他们的正常思路，并且，必须答对题才能接着往下数。

几轮下来，时间就到了，4位参赛观众手里各拿了厚薄不一的一沓钞票。主持人拿出一支笔，让他们写出刚才所

数钞票的金额。第一位观众数了3472元，第二位观众数了5836元，第三位观众也数出了4889元的好成绩，但第四位只数出区区500元。

4位观众所数钞票的数目，相距甚远。当主持人报出这4组数字的时候，台下顿时一片哄笑，他们都不理解，第四位观众为什么会数得那么少呢？

这时，主持人开始当场公布所数钞票数目的准确性。众目睽睽之下，主持人把4名参赛观众所数的钞票重数了一遍，正确的结果分别是：3372、5831、4879、500。也就是说，前3位数得多的参赛观众，一个多计了100元，一个多计了5元，另一个多计了10元，距离正确数目，都只是一"票"之差。只有数得最少的第四位，才完全正确。

按游戏规则，那么也只有第四位观众才能获得500元奖金，而其他的3位参赛观众，都只是紧张地做了3分钟的无用功。

看到这出乎意料的结果，台下的观众开始议论纷纷。这时，主持人拿着话筒，很严肃地告诉了大家一个秘密：自从这个节目开办以来，在这项角逐中，所有参赛者所得的最高奖金，从来没能超过1000元。

全场观众若有所悟。主持人最后说："有时，聪明的放弃，其实就是经营人生的一种策略，也是人生的一种大智慧。不过，它需要更大的勇气和睿智。"

正如"弗洛斯特法则"所云：要筑一堵墙，首先就要清晰筑墙的范围，把那些真正属于自己的东西圈进来，把那些不属于自己的东西圈出去。实际上，做任何事情之前，我们都要有一个清晰的界定：什么能做，什么不能做；接受什么，拒绝什么。做自己擅长做的事，你才能取得成功。

# 管理中的博弈——破译心理密码，拉近心理距离

# 波特定理：批评也要讲技巧

一天，史瓦布先生去厂房巡视，无意间发现一伙工人正围在墙角抽烟，而墙上却明确地写着"严禁烟火"4个大字。当时，他非常生气，可是他强压住了心头的怒火，并没有质问工人，或者对他们当头棒喝。相反，他悄悄地走过去，接着掏出自己的烟盒，给每个人都递过去一支烟，然后才若有所指地说："走！大家还是到离厂房远一点的地方抽吧！"那些工人听到这句话后意识到自己犯了一个原则性的错误，而面前的上司竟然如此宽容，所以都非常自责，下定决心以后一定不再犯同样的错误。

约翰·华纳梅克有一次在他自己经营的百货公司巡视时，注意到有位客人站在柜台前等着买东西，却久久不见售货员上前招呼。更糟的是，那些售货员竟然围聚在角落里嬉笑闹骂个不停，根本没有注意到有顾客来了。

对于这种不把顾客和工作当一回事的现象，华纳梅克非常生气。但是他强忍住了怒气，一言不发地迎上前去，接下客人选好的物品，然后交给一名店员包好，接着回到了自己的办公室。在整个过程中，他没有对那些店员说一句指责的话。

在很多时候，当下属犯了错误时，领导都会严厉地批评他们，有时甚至将他们骂得狗血淋头。在领导者看来，似乎这样才会起到杀一儆百的作用，才能体现规章制度的严肃性，才能显示出领导者的威严。

其实，有的时候过于关注员工的错误，尤其是一些非本质性的错误的话，会大大挫伤员工的积极性和创造性，甚至让他们产生对抗情绪。并不是所有的批评都可以达到理想的效果，因为批评和被批评的过程通常不是在心平气和中进行的，并且当下属遭受到的批评过多时，情况更加糟糕。英国行为学家波特指出："当遭受许多批评时，下级往往只记住开头的一些，其余的就不听了，因为他们忙于思索论据来反驳开头的批评。"

在指责别人错误的时候给人当头一棒往往会伤害别人的自尊心，而旁敲侧击不但让人易于接受，而且还可以给人留下好的印象。玫琳凯公司创始人在管理的实践中遵循这么一条原则：不管要批评的是什么，你必须找出对方的长处来赞美，批评前和批评后都要这样做。玫琳凯把这一原则称之为"三明治策略"。

我们知道，批评只有被对方从内心接受才能生效。这就意味着，批评虽然有道理，但不等于被对方接受。其实，人的心理都一样，那就是希望自己得到上司或周围人的尊重，没有比受人轻视更让人感到不愉快的事情了。

但很少有管理者在批评别人的时候注意到这一点。玫琳凯说："伤害一个员工的自尊就等于挫败了他的工作积极性。"每当员工犯错误的时候，玫琳凯都会以适当的方式提醒他。

采用柔和的态度并不是说管理者要放纵自己的员工，而是要求管理者在提出批评时，一定要讲究策略，既能指出其错误，又不挫伤其自尊心。

# 赫勒法则：如果你强调什么，你就检查什么

英国管理学大师提出了一条能够帮助企业管理者提高员工工作效率的法则，即赫勒法则：当人们知道了自己的工作成绩有人检查时会加倍努力。如今这条法则已被广泛地运用在了企业管理中。

通常质量检验人员与生产人员在企业上演的是交警与出租车司机的故事，玩着猫捉老鼠的游戏。质量检验人员用复杂而又烦琐的工具和系统来分析、查找问题的原因，通过严格的奖惩和监督考核制度来对付出现质量问题的人或部门。

为什么质量检验人员与生产人员会出现这样的对立呢？为什么质量检验人员在一家企业里显得这么重要呢？

IBM前总裁郭士纳说："如果你强调什么，你就检查什么，你不检查就等于不重视。"美国政治学家潘恩甚至说："如果没有人监督，对国王是不能信任的。"

德鲁克大师的"目标管理"在全球普及甚广，但在实

施过程中却有很多企业将之走形变样，其中一个痼疾就是工作追踪差，如果没有工作追踪，目标管理也就只剩下了美丽的目标这个外壳。

美国著名快餐大王肯德基国际公司的连锁店遍布全球80多个国家和地区，总数达14000多个。但是，在万里之外的肯德基国际公司总部是用什么方法保证它的连锁店规行矩步的呢？

有一次，上海肯德基有限公司收到3份国际公司寄来的鉴定书，对他们外滩快餐厅的工作质量分3次进行了鉴定评分，分别为83、85、88分。公司经理为之瞠目结舌，这3次分数是怎么评定的？

原来，肯德基国际公司雇佣、培训了一批人，让他们佯装顾客、秘密潜入店内进行检查评分。这些"神秘顾客"来无影去无踪，而且没有时间规律，这就使快餐厅的经理、雇员时时感受到某种压力，丝毫不敢懈怠。正是通过这种方式，肯德基在最广泛了解基层实际情况的同时，有效地实行了对员工的工作监督，从而大大提高了他们的工作效率。

根据管理大师德鲁克的观点，要想完全实现企业的计划与目标，就必须进行追踪和控制，通过设定目标对整个组织的行为进行控制，把整个组织和各种资源调动起来，围绕目标往前走。

如果行动与目标发生了偏离，通过工作追踪及时对这个偏离的情况进行评估，然后把这个信息进行反馈，并采取一定的调整措施，就能保证我们的目标按照原来的设定实现。

管理者有时候工作一忙，就顾不上去了解下属的工作情况，而一旦形成三天打鱼、两天晒网的习惯，下属的工作就有可能渐渐松懈。对下属工作追踪要养成定期的习惯，同时让下属也感到主管有定期检查的习惯，这是非常重要的。

不论是采用哪种方式，都必须做到及时反馈，这样坚持的时间长了，大家就会发现，凡是偏离公司目标的事情是绝对不允许做的，这就在公司内形成了一个基本的职业原则。既激励大家去完成目标，也能威慑那些有可能故意偏离目标的人。

# 激励的倍增效应：诚于嘉许，宽于称道

一位心理学家到一家邮局去寄信，由于寄信的人比较多，邮局职员似乎有些忙不过来，透过厚厚的玻璃，心理学家无意中注意到柜台里的那位职员，似乎一脸无奈。

心理学家突然心生一念，想使这位小职员高兴起来。他告诉自己："要使他高兴，使他对我产生好感，我一定得说些好听的话来赞美他。"可是他又想："这人身上究竟有什么值得我赞美，而且是我由衷地想赞美的呢？"

心理学家静静地观察了片刻，最后终于找到了。

当这位职员开始为心理学家办理邮寄业务时，心理学家立即随口友善地说了一句："真希望哪天我也能有你这样一头漂亮的头发！"

这位职员抬头望了心理学家一眼，先是显得有些惊讶，随即绽放出一抹笑容。

"哪里，我这头发比起以前可差多了！"他谦虚地说道。听了这话，他心情果然好转，并热情地跟心理学家聊了一会儿。心理学家临走时，那位职员还补充一句道："确实有不少人很羡慕我这头黑发呢！"

可以想象，那位小职员当天下班时，步伐一定比平常轻快，回家之后，也一定会立即将此得意之事告诉他的太太。

每个人都渴望得到别人的认可和赞美，都希望自己的价值得到别人的肯定，从而能感受到自己的重要性。在管理学上，将这种方法称为"激励的倍增效应"。其实要想得到别人的喜欢很简单，那就是——想办法让对方感受到他的重要性。

这则故事告诉我们，要想使你的下属始终处于一种工作的最佳状态，最好的办法莫过于对他们进行表扬和奖励。

喜欢受到表扬是人之常情，人人都喜欢得到正面的表扬，而不喜欢得到负面的惩罚。在人际交往中，赞美他人会使别人愉快，更会使自己身心健康。被赞美者的良性回报会使我们更为自信，也会使我们更有魅力，形成人际关系的良性循环。

中远集团从激励的倍增效应中受到了莫大的启发，建立起了一套行之有效的员工激励制度。在公司高级领导会议上，中远总裁会经常强调这句话："我再问你们一句，企业经营是很困难，但你们鼓励员工了吗？"中远现在在世界各地有5千多个外国雇员。这些人与中远的国内员工一样，都以被评上中远劳模为荣。

要相信任何人或多或少都有长处，只要"诚于嘉许，宽于称道"，就会看到神奇的效力。

# 横山法则：最有效的管理是自我管理

在管理的过程中，我们常常过多地强调"约束"和"压制"，事实上这样的管理往往适得其反。如果人的积极性未能充分调动起来，规矩越多，管理成本越高。聪明的企业家懂得在"尊重"和"激励"上下工夫，了解员工的需要，然后满足他。只有这样，才能激起员工对企业和自己工作的认同，从而变消极为积极。真正的管理，就是没有管理。这就是管理学中著名的"横山法则"。

微软公司的企业文化就十分强调发挥人的主动性，让员工有很强的责任感，同时给他们做事情的权力与自由。

简单地说，微软的工作方式是"给你一个抽象的任务，要你具体地完成"。对于这一点，微软中国研发中心的桌面应用部经理毛永刚深有体会。毛永刚说，他在负责做Word时，只有一个大概的资料，没有人告诉他该怎么做，该用什么工具。和美国总部交流沟通后，得到的答复是一切都要靠自己去做。就如要测试一件产品，没有硬性规定测试的程序和步骤，完全要根据自己对产品的理解，考虑产品的设计和用户的使用习惯等，发现新问题。这样，员工就能发挥最大的主动性，设计出最满意的产品。

微软是个公平的公司，这里几乎没有特权。正是这种公平和富有挑战性的工作环境，激发了微软员工巨大的工作热情。这种热情就是管理员工的最大工具。在微软，员工基本上都是自己管理自己。就像山姆沃尔顿所说的那样："员工不应只是被视作会用双手干活的工具，而更应视为是一种丰富智慧的源泉。"

怎样才能让员工做到自我管理？那就是处处从员工利益出发，为他们解决实际问题，给他们提供发展自己的机会，给他们以尊重，营造愉快的工作氛围。做到了这些，员工自然就和公司融为一体了，也就达到了员工的自我控制。

在一家企业里，如果员工只是像机器一样机械地执行管理者的命令，即使他能做到百分之百的准确，也难以为企业作出创造性的贡献。

# 沟通的位差效应：没有平等就没有真正的沟通

经研究发现，平行交流的效率之所以高，是因为它是建立在平等的基础上的。在企业中，信息的交流主要有3种：上传、下达、平行交流。前两种是非平等交流，最后一种总体上是一种平等交流。要想使沟通变得有效，就需要把平等的理念注入到前两种交流形式中去。

"沟通的位差效应"是美国加利福尼亚州立大学在研究企业内部沟通时，为试验平等交流在企业内部实施的可行性，在整个企业内部建立了一种平等沟通的机制后得出的重要成果。结果他们发现在企业内建立平等的沟通渠道，可以大大增强领导者与下属之间的协调沟通能力，使他们在价值观、道德观、经营哲学等方面很快地达成一致；可以使上下级之间、各个部门之间的信息形成较为对称的流动，业务流、信息流、制度流也更为通畅，信息在执行过程中发生变形的情况也会大大减少。

美国著名的未来学家约翰·奈斯比特曾说："未来的

竞争将是管理的竞争，竞争的焦点在于每个社会组织内部成员之间以及与外部组织的有效沟通上。"许多企业也强调沟通，却往往忽视有效沟通渠道的建立。在企业规模不大时，这种问题可能表现得不会很明显。但当企业发展到一定规模的时候必定会出现沟通上的问题，从而影响企业的发展。如果不能很好地解决这些问题，企业发展就会严重受挫。

当管理层增加以后，基层的声音就很难传达到高层领导那里。要解决这些问题，最好的方法就是打破上下级之间的等级壁垒，实现平等交流。在沃尔玛，这一信条得到了完美的体现。

沃尔玛的总裁沃尔顿强调：员工是"合伙人"。沃尔玛公司拥有全美最大的股东大会，每次开会，沃尔顿都要求有尽可能多的部门经理和员工参加，让他们看到公司的全貌，了解公司的理念、制度、成绩和问题，做到心中有数。

每次股东大会结束后，被邀请的员工和没有参加的员工都会看到会议的录像，而且公司的刊物《沃尔玛世界》也会对股东大会的情况进行详细的报道，让每个员工都能了解到大会的每一个细节，做到对公司切实全面的了解。沃尔顿说："我想通过这样的方式使我们团结得更紧密，使大家亲如一家，并为共同的目标而奋斗！"

在沃尔玛，任何一个员工佩戴的工牌上除了名字外，不会标明职务，包括最高总裁。公司内部没有上下级之分，见面就直呼其名，这种规定使员工们放下了包袱，分享到了平等分工的快乐，营造了一个上下平等的工作氛围。

平等的沟通渠道为沃尔玛带来了巨大的财富，同时也给我们以无尽的启示：有平等才有交流，有平等才有忠诚，有平等才有效率，有平等才有竞争力。

## 蓝斯登定律：用真情与员工沟通

很多公司的管理者比较喜欢在管理岗位上板起面孔。他们大概觉得这样才能树立权威，赢得下属的尊重，从而方便管理。但是，美国管理学家蓝斯登在分析了大量调查资料后得出这样一个结论，即蓝斯登定律：企业内部生产效率最高的群体，并不是那些薪金最丰厚的员工，而是工作心情舒畅的员工。

轻松愉快的工作环境能够激励人的才智干劲，而冰冷严肃的氛围只会让人内心抵触，从而影响工作的绩效。每个人喜欢的都是像朋友那样容易亲近的上司而不是板起面孔说教的老板。日本三得利公司前总裁岛井信治郎就十分清楚这一道理。在三得利公司员工的心目中，总裁岛井信治郎不仅是公司的领导者，更是一个近在咫尺、充满关爱的朋友。

一次，岛井在加工厂检查工作。他看到几个员工上班时无精打采，便上前询问原委。员工们抱怨说宿舍里臭虫太多，咬得人整晚睡不好觉，白天哪还有精神工作。检查结束后，岛井直接前往职工宿舍，找到管理员，要求他们在最短的时间内解决宿舍的卫生问题。他还以身作则，亲自捉臭虫。员工们得知此事后大为感动。

正是岛井的关心、帮助让员工们深受感动，从而更加努力地工作。只有为下属创造轻松舒适的工作氛围，才会有更多的快乐。有时候一个友善的微笑，一个鼓励的眼神都会让人增加无穷的力量。

著名跨国食品公司——亨氏的成功，也正是由于其创办者亨利·海因茨注重在公司内营造融洽的工作气氛。

亨氏公司在1900年前后能够提供的食品种类就已经超过了200种，成为了美国颇具知名度的食品企业之一。

在当时，管理学泰斗泰勒的科学管理方法盛极一时。在泰勒的科学管理方法中，员工被认为是"经济人"。物质刺激是他们工作的唯一动力。在这种管理方法中，企业主、管理者与员工的关系是森严的，毫无情感可言。但亨利并不这样认为。

在亨利看来，金钱固然能促进员工努力工作，但快乐的工作环境对员工的工作促进更大。于是，他从自己做起，率先在公司内部打破了企业主与员工的森严关系。亨利经常会到员工中间去，和他们聊天，了解员工对工作的想法，了解他们的生活困难，并不时地鼓励他们。

亨利每到一个地方，那个地方就谈笑风生，其乐融融。员工们都很喜欢他，工作起来也特别卖力。

正是亨利这种与员工苦乐共享的管理方式，使得亨氏公司的员工们获得了一个融洽快乐的工作环境，而正是这个环境成就了亨氏公司。亨利的继任者们继承了他的这种管理方式，续写了亨氏公司的辉煌。

管理是一门综合性的学问，仅仅把它定义在经济的层面，是狭隘而单一的。任何一个出色的管理者都必然是理智与情感的结合体。管理需要的不只是头脑，更要靠心、靠情感，不要用冰冷的语调和刻板的规定提醒员工他只是一个被雇佣者。用你的真情打动员工，他们会理解你的感受，会以主人翁的心态来关注公司的发展。

# 手表定律：一山不容"二虎"

　　每个人都有这样的体验，当在给个人或企业作决策时，我们总是觉得掌握的信息不够充分，于是急于寻找外部的建议和咨询，而且总觉得寻找的咨询人士越多，作出的决策就越科学。

　　当各种建议从四面八方向我们袭来时，我们可能会感觉大脑一片混乱，于是只能中庸地综合一下各种意见，作出一个让大家都满意但不一定合理的决策。当各种意见相左时，就像多余的手表一样，很容易使我们丧失作出正确决策的信心。心理学家将人们的这种心态称为"手表定律"。

　　所以有时候，建议并不是越多越好，就像手表给我们提供的是一个标准，如果连标准本身都不能稳定，那参照这一标准而进行的一系列事情就会谬以千里了。我们要做的就是选择其中较值得信赖的一只，尽力校准它，并以此作为你的标准，听从它的指引行事。

　　从个人角度讲，手表定律说的是价值观的问题，一个人不能同时设立两个不同的目标，否则将无所适从，也不能同时选择两种不同的价值观，否则他的行为将陷入混乱。

如果每个人都"选择你所爱，爱你所选择"，那么无论成败都可以心安理得。然而，很多人都被"两只表"所困扰。他们觉得无所适从，心力交瘁，不知自己该信仰哪一个。

从管理的角度讲，一个企业，不能同时用两种不同的管理方法，不能同时由两个上司来指挥，否则将会乱套。管理层的标准不统一，对下属员工造成的影响是巨大的。奖励标准、惩罚标准不统一，不同领导不一样，同一个领导对待不同员工的标准不一样，这都是影响团队士气的重要因素。

有些公司的老板思维非常活跃，一天一个政策，一转眼一个创意，今天搞ISO，明天搞人性化管理，后天又抓流程改造。往往一个政策才执行到一半，员工就被要求执行下一个政策，这样的企业会令员工无所适从，从而产生消极懈怠的情绪。

所以，对一个企业来说，不能同时采用两种不同的管理方法，不能同时设置两个不同的目标，否则将使企业无所适从；一个人不能由两个以上的人来指挥，否则他将无所适从。

# 蘑菇管理原则：让员工像蘑菇一样成长

据说，"蘑菇管理原则"是20世纪70年代由一批年轻的电脑程序员提出来的，这些天马行空、独来独往的人早已习惯了人们的误解和漠视，所以他们形容自己"像蘑菇一样地生活"。因为蘑菇长在阴暗的角落，得不到阳光，也没有肥料，自生自灭，只有长到足够高的时候才开始被人关注，可此时它自己已经能够接受阳光了。所以在这条"原则"中，自嘲和自豪兼而有之。

相信很多人都有过这样的"蘑菇"经历，但这不一定是坏事，尤其是当一切都刚刚开始的时候。如刚出校园的学生，他们身上一般都存在一些通病：自命不凡、激情四射、骄傲浮躁、不甘心做配角等。让他们当上几天"蘑菇"，可以消除他们很多不切实际的幻想，让他们更加接近现实，看问题也更加实际。

蘑菇管理原则通常都被管理者用于对初学者的管理方法。让初入门者当上一段时间的"蘑菇"，对他们的意志和耐力的培养有促进作用。

但用发展的眼光来看，蘑菇管理原则有着先天的不足：一是太慢，还没等它长高长大，疯长的野草恐怕就已把它盖了，使它没有成长的机会；二是缺乏主动，有些本来基因较好的蘑菇，一钻出土就碰上了石头，因为得不到帮助，结果胎死腹中。

作为领导者应当注意的是，这一过程不可过长，时间太长便会使其消极退化乃至枯萎。要知道不给阳光、不给关爱，任其自生自灭，是对其成长的抑制。如何让他们成功地走过生命中的这一段，尽快汲取经验、成熟起来，才是领导者应当考虑的问题。

## 斯隆法则：有争论才有高论，明智的决策需要不同的声音

美国通用汽车公司前总裁斯隆是汽车史上最有影响力的总裁之一，被西方管理学界誉为"现代化组织天才"，著名的麻省理工"斯隆管理学院"就是以他的名字命名的。

关于斯隆，流传着这样一则故事：一次斯隆主持召开一个会议，讨论一项重要的决策。会上没有发生争议，与会者表示完全同意公司决策层提出的方案，一致拥护。就在马上要表决的时候，斯隆却突然宣布："现在休会。这个问题延期到我们可以听到不同意见的时候再开会决策。"据说这则故事就是"争议决策"也叫"斯隆法则"理论的起源。

所谓"争议决策"，就是在决策过程中必须要有激烈的争论和意见分歧，如果百分之百赞成就应该暂时搁置，等到详细调查研究和充分讨论之后，再进行决策。换句话说，就是在弄清楚决策情况和意图的基础上广泛听取意

见，平衡利弊，选择最佳的方案，以达到最佳决策。

通用汽车之所以成为世界汽车业的魁首，与斯隆一直提倡的"争议决策"有很大的关系。

斯隆前后领导通用公司33年。他刚到通用公司时，通用公司在美国汽车市场的占有率只有12%。他上任后，把科学决策和民主决策放在首位，广开言路，认真听取各种不同意见。到了1956年斯隆退休时，通用公司的市场占有率上升到了56%。他在总结通用公司的经验教训时，说道："一个企业的成败，关键在于你的决策是否正确。决策如果正确，执行中即使出现偏差也可以弥补；而决策失误，是最大的失误，执行中的任何措施都不能弥补。"

而美国庄臣公司总经理詹姆士·波克提出的波克定理，和斯隆法则有异曲同工之妙。波克认为只有在争辩中，才可能诞生最好的主意和最好的决定。

没有摩擦就无法磨合，有争论才有高论。举世瞩目的三峡工程不但本身可以作为奇迹被载入史册，其科学的决策过程也可作为典范被载入史册。建设三峡工程20世纪50年代又提出来了，当时的争论很激烈，最后"反对派"意见占了上风，工程没有上马。后来，国家的经济实力增强了，科学技术水平提高了，社会对电的需求量增大了，三峡工程应该是众望所归。但"反对派"仍然提出了经济、技术、安全等方面的问题。

对"反对"意见，政府并没有简单地否定，而是组织专家逐一地去调查、核实、论证，使设计和施工工作做得更深、更细，确保了工程的顺利建设。因此，两院院士、三峡总公司技术委员会主任潘家铮每次谈到三峡工程时，总会说："'反对派'对三峡工程也作出了很大的贡献。"

优秀的领导者和管理者在作任何重大决策之前，决不武断拍板，总是希望听到相反的意见，其中的原因主要有三点：

1.能进一步优化决策方案。不同意见之间互攻所短，各扬其长，使各自的利弊得以充分显现，这样就可以取长补短。

2.不同意见争论的过程就是一个统一认识的过程。一旦决策，就能齐心协力地实施，既减少了阻力，又有利于发挥大家的主动性和创造性。

3.在实施的过程中，一旦发现决策有错误时，原来的相反意见往往就是一个现成的补救方案。

令人遗憾的是，在现实工作中，有不少领导者或管理者在决策时，与斯隆相反，一味实行"求同决策"，听不得半点不同意见。或是喜欢阿谀奉承，或是独断专行。在这种"求同决策"的影响下，人们不敢发表不同意见，"明知不对，但还是少说为佳"，就是一个真实心态的写照。这样的决策很容易出现失误，给事业造成损失。

# 鲇鱼效应：活力源于竞争，对手是成功的催化剂

挪威人喜欢吃沙丁鱼，尤其是活鱼。市场上活沙丁鱼的价格要比死了的沙丁鱼高许多。所以渔民总是千方百计地想办法让沙丁鱼活着回到渔港。可是绝大部分沙丁鱼还是在中途因窒息而亡了。但有一条渔船总能让大部分沙丁鱼活着回到渔港。

船长严格保守着秘密。直到船长去世，谜底才被揭开。原来船长在装满沙丁鱼的鱼槽里放进了一条以沙丁鱼为主要食物的鲇鱼。鲇鱼进入鱼槽后，由于环境陌生，便四处游动。沙丁鱼见了鲇鱼十分紧张，左冲右突，四处躲避，加速游动。这样一来，沙丁鱼机体的内部活力增强了，使得一条条沙丁鱼活蹦乱跳地回到了渔港。可见，沙丁鱼是受了外界刺激才保持了生机与活力。后来人们就把这种现象称为"鲇鱼效应"。

无独有偶，日本的北海道盛产鳗鱼，因为鳗鱼的生命

力非常脆弱，只要一离开深海区，要不了半天就会全部死亡。有一位老渔民的鳗鱼总是活蹦乱跳，因为老人将鳗鱼的死对头狗鱼，放进了鳗鱼中。几条势单力薄的狗鱼遇到众多的对手，便惊慌地在鳗鱼堆里四处乱窜，这样一来，反而激活了死气沉沉的鳗鱼。

动物如果没有对手，就会变得死气沉沉；人如果没有对手，他就会甘于平庸，养成惰性；群体如果没有对手，就会因为相互的依赖而丧失活力，丧失生机；政体如果没有对手，就会逐步走向懈怠，甚至走向腐败和堕落；行业如果没有了对手，就会丧失进取的意志，安于现状而逐步走向衰亡。

许多人都把对手视为心腹大患、异己、眼中钉、肉中刺，恨不得马上除之而后快。其实，只要反过来仔细想一想，便会发现拥有一个强劲的对手，反而是一种福分，一种造化，因为一个强劲的对手，会让你时刻有危机四伏的感觉，会激发你的精神和斗志，会迫使你奋发图强、革故鼎新、锐意进取。

鲇鱼效应也是企业领导层激发员工活力的有效措施之一。一个组织，如果人员长期固定，彼此非常熟悉，就容易产生惰性，削弱组织的活力。所以在人力资源管理中，企业要不断补充新鲜血液，把那些富有朝气、思维敏捷的年轻生力军引入职工队伍中甚至管理层中，给那些故步自封、因循守旧的懒惰员工带来竞争压力，打破昔日的平静，激活整个人才队伍。

而对引进的新人来说，崭新的面貌、较高的业务水平、过硬的技术和先进的经验都将对组织产生一种强大的冲击力，使企业在市场大潮中搏击风浪，增强生存能力和适应能力。

# 金钱之外的激励：知道员工的需求，才能留住人才

这是发生在美国西雅图华盛顿大学的一次风波。校方选择了一处地点，想在那修建一座体育馆。消息一传出，立即遭到教授们的强烈反对。没想到，学校很快采纳了教授们的意见，取消了这一计划。原来，这块地正好在校园的华盛顿湖畔，体育馆一旦建成，就会挡住教职工们每天都能欣赏到的美丽湖光山色。

为什么校方会如此尊重教授们的意见呢？原来，华盛顿大学教授的工资只有80%是以货币形式支付的，剩余那20%是用良好的自然环境补偿的。如果因为修建体育馆而破坏了这种景观，就意味着工资降低了，教授们就会流向其他大学。可以预见，学校就不能以原来的工资聘到同样水平的教授了。

教授们之所以愿意接受较低的工资，而不到其他大学寻求更高的报酬，完全是出于留恋西雅图的湖光山色。西

雅图位于北太平洋东岸，华盛顿湖等大大小小的水域星罗棋布，天气晴朗时可以看到美洲最高的雪山之一——雷尼尔山峰，开车出去还可以到海伦火山。美丽的景色也是一种无形财富，它能起到吸引和留住人才的作用。

美丽的西雅图风光可以留住华盛顿大学的教授们，同样的道理，企业也可以用"美丽的风光"来吸引和留住人才。当然，这里所说的"美丽风光"不仅是自然风光，更多的是良好的人际关系和健康的文化氛围。在知识经济背景下的企业运营中，仅仅依靠物质奖励来激励企业员工，已经变得越来越不适宜。工作本身所需要的体力在减少，所需要的智力和创造力在增加，并且员工可以享有充分的选择自由，人力资本有了很大的流动性，所以，要想留住有才华的员工，就必须给员工创造一种无形的财富。

# 喜欢原则：士为知己者死，女为悦己者容

俗话说，士为知己者死，女为悦己者容。每个人都愿意为自己中意的人做事，而且往往会任劳任怨，不计得失。这就是心理学所谓的"喜欢原则"。作为一个企业老板或是管理者，要想提高公司的运营效率，就必须打造一个有融洽气氛的团队。而要做到这些，管理者必须首先做到对下属宽容和喜欢。你的一些不经意的关怀，换来的可能是下属的死心塌地。

有"战国第一名将"之称的吴起就是一个对士兵关怀备至的人。有一次，他统率魏军攻打中山国，有个士兵身上长了毒疮，辗转呻吟，痛苦不堪。吴起巡营时发现后，毫不犹豫地跪下身子，把这位士兵毒疮中的脓血一口一口地吸吮了出来，解除了他的痛苦。士兵的母亲听说了这件事，大哭。有人说："你儿子只不过是个普通士兵，却能让将军亲自为他吮脓血，应是光荣之事，为什么还要哭呢？"士兵的母亲说："不是这样呀，前几年吴将军为他

的父亲吮吸疮口,结果他的父亲直到战死不曾回头。今日吴将军又为我儿子吮血,真不知我儿子要死在哪里了!"

正是因为有对下属的一片赤心,吴起的军队攻无不克、战无不胜,吴起自己也成为了历史上的一颗耀眼将星。

作为管理者,千万不要有这样一种想法,以为人与人之间的关系只是管理学著作中的一个章节。不,完全不是这样。一部管理学著作论述的全部问题都是人与人之间的关系,因为处理不好人与人之间的关系,你就不可能有任何成就。使人们满意地共事不是管理工作的一部分,而是管理工作的全部,因为在一个企业里,只有人才能操作机器、加工原材料和做其他各种事情。

资金、材料、机器是每个工业企业需要关心的基本问题。但是,要记住,一个经理只有通过员工的努力才能达到他预期的目的。这就是为什么说对人的处理,包括他们的知识、他们的特点、他们的脾气,是一个经理的主要工作。管理工作并不是主持一些重要的活动而已,而是处理好人与人之间的关系,管理即是处理人的关系。

不论你有500个职工还是有5个职工,如果你想把自己的企业搞好,就必须懂得如何与人相处。这就是为什么待人接物如此重要的原因。哪个管理人员能正确待人接物,他就应该得到晋升。

19世纪英国的首相迪斯雷里就是善于利用这一原则的佼佼者之一。

有一位军官一再请求，让迪斯雷里加封他为男爵。迪斯雷里知道这个人能力超群，所以很想赢得这位工作中的得力助手，可他的条件却达不到加封标准。

一天，迪斯雷里把这位军官单独请到办公室，对他说："亲爱的朋友，很抱歉我不能封你为男爵，可是我能给你一件更好的东西。"接着，迪斯雷里把声音放低说："我会告诉所有人，我曾多次请你接受男爵的封号，可都被你拒绝了。"

这个消息被迪斯雷里传出后，众人都称赞这位军官谦虚无私、淡泊名利，对他的礼遇和尊敬超过任何一位男爵。军官在获得了巨大的荣誉之后，由衷地感激迪斯雷里。从此以后，他成为了迪斯雷里最忠实的伙伴以及军事顾问。

人们愿意帮自己喜欢的人，同时也愿意赞同他们的意见。对于这条貌似寻常的原则，却往往可以在现实中得到巧妙的应用。

# 上行下效：坏榜样的力量是无穷的

齐景公喜欢穿紫色王袍，于是全国的人都喜穿紫衣，致使紫布、紫绢价格飞涨。楚王喜欢细腰女子，于是全国的女子都开始减肥。

街头小儿唱道："人人穿紫衣，穿上就神气；升官又发财，不用再费力！楚王好细腰，细腰多苗条；三年不吃饭，饿成水蛇腰！"

齐景公问矮小而机智的晏子："爱卿，我听孔老夫子对他的学生说：'君子和而不同，小人同而不知。'这是什么意思？"

晏子说："主公，所谓'和'者，君甘而臣酸，君淡而臣咸。"

晏子的意思是说，君主如果是甜的，那么，大臣就应该是酸的；君主如果是淡的，那么大臣就应该是咸的。只有这样，才能形成高效能的领导集团结构。如果君主甜，大臣也甜，那就甜得腻人，甜得不好吃了。满朝文武一个味，这个领导集团就没有了生气，国家就没有创造力、凝聚力和战斗力。而且使得世风懒惰，投机取巧成风，即使有周公制典，尚父领兵，也不能有多大作为。

齐景公说："我明白了！天下一色，反而失色。先太史史伯说过，红、黄、蓝、白、黑，五种颜色和谐配搭才好看。那么什么是'同'呢？"

晏子说："单调的颜色使人疲倦，单调的声音使人烦躁，单调的味道使人反胃，这就是'同'的不足。史伯是先太史，他看到先朝'去和而取同'，搞一言堂、一刀切、一锅煮，不准有不同意见、不同风格、不同流派存在，从而预言朝政一定会衰落，果然被他言中了。"

齐景公说："寡人治国，有没有这样的危险呢？"

晏子答道："主公，现在我们齐人不论男女老少，听说主公爱穿紫衣，所以人人穿紫衣，全国一片紫色，民趋其利，士求其好，物价腾飞，产业单一，于时无补，与国不利，臣每日面对这一片紫色，窃以为如居累卵！"

齐景公说："卿言极是。寡人不察，该如何补过呢？"

晏子说："先王时代，管子说：'千里之路，不可以扶以绳；万家之都，不可以平以准。'就是说不要搞千篇一律，千人一面，而应该是'乡有俗，国有法，饮食不同味，衣服异彩'。他的本意，就是君甘臣酸。"

齐景公悟到晏子之意，于是脱下紫衣，经常换穿不同颜色的衣服，全国的紫衣风便自然化解，国人着衣千姿百态，一派生机。

对于现在的管理者来说，道理也是一样，如果自己犯了一个小错，没有改正并以为正确的话，下属犯的错误就可能是其十倍百倍，给公司带来的损失可能就是无法估量的。这种错误放大以后，后果很严重，不可不防。

# 认同策略：每个人都会支持他参与创造的事物

关于企业的决策和实施，大多数企业都是：关键决策通常由高层的几个人制定，然后不管员工能否参与进来或融入其中，就在企业内部推行。这样的结果常常会迟滞企业战略决策的推行。为什么呢？因为员工才是企业战略能否贯彻的关键。

为探讨员工参与同企业发展之间的关系，美国阿肯色大学教授莫利·瑞珀特曾作过一个研究。这项研究是在美国一个物流公司总部及其分支机构中进行的。该公司的所有全职员工都参与了调查，其中有81%的人完成了调查内容。瑞珀特把调查结果分成了参与组与限制组两类。参与组具有明晰的战略目标，在制定战略决策时员工参与程度很高，且决策被员工高度认同；限制组战略远景模糊，员工在制定战略决策时参与度低，且缺乏对决策的认同。

在这项研究的基础上，瑞珀特教授得出了这样的结论：工作满意度和组织参与度与企业的参与性文化密切相关。参与程度高的那一组显示，对战略决策的认同性是工作满意度的最重要因素，而对战略决策的参与性是组织参与度的最重要因素。企业只有为员工提供明晰的战略远景、加强员工对战略的认同、增强员工参与设计不同阶段的战略流程的意识，企业才能从中受益。只有当员工参与了公司的决策和管理后，才能对企业产生认同感和很高的满意度。

让员工积极参加管理和决策，他们就会觉得那就是自己的目标和行为规则，就会充满期待地投入工作，并且可以全面激发员工的智慧、集思广益，在优化产品设计、提高产品质量、降低产品成本及增进福利等经营管理方面出谋献策。这种做法会强化员工的主人翁意识，可以留住人才、稳定员工队伍。

现在，许多企业都已经认识到了员工参与对企业的重要性，纷纷推出了各种员工参与决策或管理的方式，取得了很好的效果。美国通用电气公司是一家集团公司，1981年杰克·韦尔奇接任总裁后，认为公司管理人员太多，而会领导的人太少。韦尔奇认为，员工们对自己的工作会比老板清楚得多，经理们最好不要横加干涉。于是，他开始在通用实行"全员决策"制度，使那些平时没有机会互相交流的职工、中层管理人员都出席决策讨论会。全员决策的开展，打击了公司中官僚主义的弊端，减少了繁琐程序。在这项制度实行后，通用公司在经济不景气的情况下取得了巨大发展，保持了连续的赢利。

有关资料表明，在实行职工建议制的企业里，企业的奖励费用与收益之比为1：50。另外，质量控制小组也是企业职工以非正式组织参与管理的一种形式，它是以自由结合、自愿参加的原则组织起来的。日本企业许多合理化建议的提出和实施都是通过这类小组实现的。比如大和精工的"三五运动"（提高税率5%，节约经费5%，一切行动提前5分钟）；大分钢铁厂的"001式企业"（事故为零，次品为零，质量第一）。现在，日本企业中这类小组有200万个左右，每年为日本企业节约200~250亿美元，这在很大程度上保证了日本产品的竞争能力。

总之，鼓励员工参与决策和管理，赋予他们一些主人的权利，他们自然会以主人的身份约束自己、表现自己，以忠诚和长期不懈的工作回报企业。

# 倾听的艺术：说得越少，听到的就越多

美国知名主持人林克莱特在访问一名小朋友时，问他："你长大后想要当什么呀？"小朋友天真地回答："嗯……我要当飞机的驾驶员！"林克莱特接着问："如果有一天，你的飞机飞到太平洋上空时所有的引擎都熄火了，你会怎么办？"小朋友想了想说："我会先告诉坐在飞机上的人绑好安全带，然后我挂上降落伞跳出去。"

当现场的观众笑得东倒西歪时，林克莱特继续注视着这个孩子，想看看他是不是个自作聪明的家伙。没想到，接着孩子的两行热泪夺眶而出，这才使得林克莱特发觉这孩子的悲悯之情远非笔墨能形容。于是林克莱特继续问他："为什么要这么做？"小孩的答案透露出一个孩子天真的想法："我要去拿燃料，我还要回来！"

当你听到别人说话时，你真的听懂了他说的意思了吗？如果不懂，就请听别人说完吧，这就是"听的艺术"。听话不要听一半。还有，不要把自己的意思投射到别人所说的话中。

曾经有一位大公司的业务经理，对某个特定的行业一无所知。当业务员需要他的忠告时，他无法告诉他们怎么做。尽管如此，他却懂得如何倾听，所以不论别人问他什么，他总是回答："你认为你该怎么做？"于是业务员会提出方法，他点头同意，最后业务员总是满意地离去，心里还想着这位经理真是了不起。

最成功的管理者通常也是最佳的倾听者。在实际管理中，有许多根本不需要管理者提供解答的问题。通常只要管理者认真倾听，让那些受到委屈的人有机会申诉，问题就解决了一大半。而且只要听得够久，对方总会得到适当的解答。

许多管理者在和员工建立上司、雇员关系时，犯了大错——把关系变成老师和学生。管理者对下属扮演权威者的角色，会使双方产生敌对的关系，使得有效的沟通中断，最后变成谁也不听谁的。

# 激励之术：有刺激才不敢懈怠

"马蝇效应"是由美国前总统林肯提出来的，字面意思是：再懒惰的马，只要身上有马蝇叮咬，它也会精神抖擞、飞快奔跑。关于这一效应的来源还有一段有趣的故事：

1860年，林肯当选美国总统。有一天，一位名叫巴恩的大银行家到林肯的办公室拜访，碰巧遇到参议员萨蒙·蔡斯从林肯的办公室出来。于是，巴恩对林肯说："如果您要重组内阁，千万不要将此人选入您的内阁。"

林肯奇怪地问："这是为什么呢？"

巴恩说："因为他是个自大成性的家伙，他甚至认为他比您伟大得多。" 林肯笑了，又问道："哦，除了他以外，您还知道谁认为他比我伟大得多？"

"不知道，"巴恩答道，"不过，您为什么这样问呢？"

林肯说："因为我要把他们全部选入我的内阁。"

后来事实证明，巴恩的话是有道理的。蔡斯果然是个狂妄十足、极其自大而且嫉妒心极强的家伙。不过，他也的确是一个聪明且有才华的人。林肯对他十分器重，任命他为财政部长，并尽力与他减少摩擦。

目睹过蔡斯种种"恶行"并搜集了很多资料的《纽约时报》主编亨利·雷蒙顿拜访林肯的时候，谈到蔡斯正在狂热地活动，谋求总统职位。

林肯却以他一贯特有的幽默对雷蒙顿说："雷蒙顿，你不是在农村长大的吗？那你一定知道什么是马蝇了。有一次，我和我的兄弟在肯塔基老家的一个农场犁玉米地，我吆喝马，他扶犁，偏偏那匹马很懒，老是磨洋工。但是，有一段时间它却在地里跑得飞快，我们差点儿都跟不上它了。到了地头，我才发现，有一只很大的马蝇叮在它的身上，于是我把马蝇打落在地。我的兄弟问我为什么要打掉它？我告诉他，不忍心让马被咬。我的兄弟说：'哎呀，就是因为有那家伙，这匹马才跑得那么快。'"

然后，林肯又意味深长地对雷蒙顿说："现在正好有一只名叫'总统欲'的马蝇叮着蔡斯先生，那么，只要它能使蔡斯的那个部门不停地跑，我是不想打落它的。" 如今越来越多的企业也开始重视马蝇效应，一些大的企业，如IBM、微软等都成了圈养"马蝇"的典范。事实上，差不多在每家企业里，都有像蔡斯那样狂妄自负、根本不把任何人放在眼里的人。这些人往往具有更高的学历、更强的能力、更独到的技艺、更丰富的经验。在知识与技能的优势面前，这些人表现得个性鲜明、我行我素。他们不会循规蹈矩，也不会轻易被权威折服，但这些人对利益、权势、金钱有强烈的占有欲。由于不会轻易满足，他们的身上都叮着些不断刺激他们积极进取的"马蝇"，所以他们才会表现得与众不同。

对于那些能力超强、充满质疑和变革精神的员工，如果管理者也和林肯一样，善用马蝇效应，为他们营造足够的个人空间，提供适合他们工作的方式，不但可以有效地减少组织冲突，而且还可以让这些人积极效力，不断为公司创造更大的绩效。

表示不仅要吓唬别人，也表示要维护自己的观点；倘若用拳头敲桌子，那干脆就是警告你不要说话。

# 投资中的博弈——帮你更好地理财投资

# 大众心理：踩准市场的节奏

1593年，一位维也纳植物学教授带了一株郁金香回荷兰。此前，荷兰人从没见过这种土耳其人栽培的植物。没想到的是，荷兰人竟然对郁金香如痴如醉。教授认定可以凭此大赚一笔，于是便把郁金香的售价抬得很高。

一天深夜，一个窃贼破门而入，偷走了教授培育的全部郁金香球茎，并以很低的价格把球茎卖光了。就这样，在荷兰，郁金香被种在了千家万户的花园里。

后来，郁金香受到花叶病的侵害，花瓣生出一些反衬的彩色条块——有人把它形容成"火焰"。富有戏剧性的是，这种带病的郁金香成了珍品，以至于郁金香的球茎越古怪价格就越高。

于是，有人开始囤积病郁金香，又有更多的人出高价从囤积者那儿买入并以更高的价格卖出，一个快速致富的神话开始流传。贵族、农民、女仆、烟囱清扫工、洗衣老妇先后都被卷了进来，每一个被卷进来的人都相信会有更大的笨蛋愿出更高的价格从他(或她)那儿买走病郁金香球茎。

1598年，最大的笨蛋终于出现了，持续了5年之久的郁金香狂热迎来了最悲惨的一幕，所有郁金香球茎的价格很快跌到了一只洋葱头的售价。那些没有卖出的郁金香只能烂在花园里。对于那些囤积者来说，所有的财富顷刻间全都化为了乌有。

人们之所以完全不管某个东西的真实价值，即使它一文不值，也愿意花高价买下，那是因为他们预期会有一个更大的笨蛋出更高的价格，从他们那儿把它买走，马尔基尔将人们的这种心理归纳为"最大笨蛋理论"。

投机行为的关键就是判断有无比自己更大的笨蛋，也就是说要能够正确把握大众的心理倾向，期货、证券，甚至赌博都是这个道理。"如果你不知道谁是笨蛋，那么你就是那个最大笨蛋。"赌博的时候只要自己不是最大的笨蛋，那剩下的就只是赢多赢少的问题。就如同你不知道某只股票的真实价值，但为什么你会花20块钱去买一股呢？因为你预期会有人花更高的价格从你这儿把它买走。

20世纪最伟大的经济学家之一约翰·梅纳德·凯恩斯就是一位能够正确把握大众心理的"投机"高手。这位经济学家在剑桥大学任教期间，以几千英镑的积蓄开始进行国际外汇期货的投资，并在很短的时间内积累了200万美元的资产。

在凯恩斯看来，市场是在大多数人的影响下发生变化的。一个普通投资者是没有办法，也不可能去左右市场的。所以，普通投资者要做的就是踩准市场的节奏，了解大众投资者的下一步操作。

2008年，当中国的散户以为股市会在奥运会以后才向下跌落时，机构投资者已经早早抽身，因为他们早已经判断到散户会有这种心理，所以走在散户的前面卖出了股票，而剩下散户在暴跌的股市中挣扎。

由此看来，对于投机行为，只要我们正确把握了大众心理的倾向，踩准了市场的节奏，就能获利。否则，我们就会是那个最大的笨蛋。

# 巴菲特定律：逆众而行，众人皆醉我独醒

不管是日常生活，还是投资理财，想融入集体或随大流的心态是非常普遍的。这种心态在告诉你，别想了，跟着大家做就行了。

股神巴菲特是全世界公认的投资大师，他的投资故事像神话一样被传诵。从20世纪60年代廉价收购了濒临破产的伯克希尔公司开始，巴菲特创造了一个又一个的投资神话。他不仅避过了美国纳斯达克科技股的大崩溃，而且在全球股市大幅下跌的时候仍然能跑赢大市。

有人计算过，如果在1956年，你的祖父母给你10000美元，并要求你和巴菲特共同投资，那就说明你很有远见或者非常走运。因为你的资金会获得27000多倍的惊人回报，而同期的道琼斯工业股票平均价格指数仅仅上升了大约11倍。

无怪乎有人把伯克希尔股票称为"人们拼命想要得到的一件礼物"。在美国，伯克希尔公司的净资产排名第

五，位居时代华纳、花旗集团、美孚石油公司和维亚康姆公司之后。巴菲特能取得如此疯狂的成就，得益于他自己所信奉的圣经，也就是后来被全球各地股票玩家竞相追逐的金科玉律——巴菲特定律，即在其他人都投了资的地方投资，是不会发财的。

巴菲特在伯克希尔·哈萨维公司1985年的年报中就讲了这样一个有趣的故事：

一位石油大亨死后被允许进入天堂，但圣·彼得对他说："你有资格住进来，但为石油大亨们保留的大院已经满员了，没办法把你放进去。"这位大亨想了一会儿后，请求对大院里的居住者说句话。

这对圣·彼得来说似乎没什么坏处，于是，圣·彼得同意了大亨的请求。这位大亨拢起嘴大声喊道："在地狱里发现石油了！"大院的门很快就打开了，里面的人蜂拥而出向地狱奔去。

圣·彼得非常惊讶，于是请这位大亨进入大院并要他自己照顾自己。大亨迟疑了一下说："不，我认为我应该跟着那些人。这个谣言中可能会有一些真实的东西。"说完，他也朝地狱飞奔而去。

巴菲特在股票的选择上从来不人云亦云，他只选择自己认为好的、有经济特点的公司，而且一旦选中了就长期持有，轻易不会出售，根本不管短期内别人的评价。也许这个道理大家都懂，可是很多人在从众效应面前却不能坚持自己的判断。

在我们以往的投资中，是不是也会犯和那位石油大亨相同的错误——一味盲目地从众呢？

无论是投资还是经管企业，我们都要避免从众的陷阱，找到自己的财富增长点。热门交易有可能会迅速变"冷"，相对的，冷门中也蕴含着机会。随大流、一窝蜂是到不了成功彼岸的；在其他人都投了资的地方投资，你是不会发财的。只有摆脱从众效应的束缚，才能在投资事业上取得进步，才能取得更大的成功。

# 贪婪与恐惧：掌控投资的心理节点

巴菲特之所以能够成为精明的投资者，是因为他往往能够在几乎整个华尔街仇恨或者漠视一个企业的时候，看到它所具有的潜力，购买它的股票。

巴菲特的老师——格雷厄姆教导他，投资要注意三个方面：一是在投资态度上，每时每刻都要保持谨慎，做到永远不要亏损；二是在选股原则上，一定要保证股价明显要比内在价值低；三是在安全程度上，一定要有足够大的安全边际。

那么，在什么时候我们才有机会找到符合后面两条的股票呢？巴菲特认为，这个机会就出现在市场犯下愚蠢错误的时候。这就像在打桌球的时候，你要想取胜，取决于两个关键因素：一是你正常发挥不犯错误；二是对手犯下愚蠢的错误，你有机会得分。

对于这一点，巴菲特说："你一生能够取得多大的投资业绩，一是取决于你倾注在投资中的努力与聪明才智，二是取决于股票市场所表现出的愚蠢程度。市场表现越愚蠢，善于捕捉机会的投资者盈利概率就越大。"

在巴菲特的投资生涯中，他扮演的角色就是一只雄狮，静静地趴在地上，关注着野牛群，等待其中的一头野牛犯下愚蠢的重大错误，离开牛群。换句话说，在股票市场中，巴菲特认为，人们最愚蠢的两种行为就是：过于恐惧和过于贪婪。

巴菲特说："在投资世界，恐惧和贪婪这两种传染性极强的流行病，会一次又一次突然爆发，这种现象永远存在。"也就是说，在股票市场中，恐惧和贪婪肯定会一再发生，当这两种行为发生时，肯定会引起股票市场价格与价值的严重偏离。只是不知道，它们什么时候会发生以及发生时后果有多严重。

但有一个明显的现象：当别人过于贪婪时，市场会明显被过于高估，这个时候你要怀有一颗恐惧之心，不要轻易买入；当市场过于恐惧而过度打压股价时，会导致很多股票的股价被严重低估，别人都恐惧得不敢买入，这时你反而要大胆贪婪，逢低买入。

用巴菲特的话说就是："我们只是设法在别人贪心的时候保持谨慎恐惧的态度，而在别人沮丧时贪婪。"也就是说，要想成为一个真正的投资者，就要设法在所有的人都小心谨慎的时候勇往直前。

当巴菲特在20世纪80年代购买通用食品和可口可乐公司股票的时候，整个华尔街都对此嗤之以鼻，都觉得这样的交易实在缺乏吸引力。在他们的眼里，通用食品是一个不怎么活跃、墨守成规的食品公司，而可口可乐公司给人的印象虽然安全稳健，但对机构投资者毫无吸引力。

在巴菲特收购了通用食品的股权之后，由于物价的回落引起成本降低和消费增加，使得该公司的盈余大幅提高。菲利普·莫里斯公司（美国一家香烟制造公司）1985年收购通用食品公司时，巴菲特的投资足足增长了3倍。而自伯克希尔1988—1989年购买可口可乐公司股票以来，该公司的股价已经上涨了4倍之多。通过这些事例表明，巴菲特能够毫无畏惧地采取购买行动，这种魄力非常人所能及。

在其他的案例中，巴菲特也表现出即使在金融恐慌期间，也不怕作出重大购买决策的胆识。1973—1974年间是空头市场的最高点，巴菲特收购了华盛顿邮报公司，并在GEICO公司面临破产时，将它购买了下来。

他甚至在"华盛顿公共电力供应系统"拖欠大量债务时，大量购买它的债券。在1989年垃圾债券市场崩盘的时候，他却在该年年底大量购进美国一家极大的饼干制造公司的高值利率债券。

对此，巴菲特说："价格下跌有一个相同的原因，是因为投资者持悲观的态度，这种态度要么是针对整个市场，要么是针对特定的公司或产业。在这样的环境之下我们希望能够从事商业活动，这并不是因为我们喜欢悲观的态度，而是由于这时候体现出来的价格我们比较喜欢，换句话说，理性投资者真正的敌人是乐观主义。"

## 决策战略：做有准备的投资人

一个年轻的猎人带着充足的弹药和擦得锃亮的猎枪去寻找猎物。虽然老猎手们都劝他在出门之前把弹药装在枪筒里，但他还是带着空枪走了。

"废话！"他嚷道，"我到达那里需要一个钟头，哪怕我要装100回子弹，也有的是时间。"

仿佛命运女神在嘲笑他的想法，他还没走过开垦地，就发现一大群野鸭密密地浮在水面上。以往在这种情景中，猎人们一枪就能打中六七只，毫无疑问，够他们吃上一个礼拜的。可是在他匆忙装子弹时，惊动了野鸭，它们一齐飞了起来，很快消失得无影无踪。

他徒劳地穿过曲折狭窄的小径，在树林里奔跑搜索，结果连一只麻雀也没有找到。

一桩不幸连着另一桩不幸：电闪雷鸣，大雨倾盆，猎人被淋成了"落汤鸡"，只得拖着疲乏的脚步回家了。

没错，准备才是成功的保证，用较多的时间为一次工作事前计划，做这项工作所用的总时间就会减少。

　　大家也许对证券界巨人巴菲特感到好奇，想知道他在瞬息万变的股票市场是如何敏锐地发现机会、把握机会的。巴菲特曾经说过："做一个有准备的投资人，而不是冲动的投资人。"其实，这句话已经把答案告诉我们了。

　　巴菲特对那些想在股市中赚大钱的年轻人提出了这样的忠告：先准备好足够的会计知识，因为会计知识是一种通用的商务语言，通过会计财务报表，你会发现企业的内部价值，而冲动的投资人看重的只是股票的外部价值；还有，不要急于购买某个公司的股票，在这之前应该多了解这个公司的情况。虽然有时你不可能亲自去公司的总部考察，但你可以给他们打电话进行了解，并认真阅读他们公司的年报。

　　巴菲特认为，如果一个公司的年报让你看不明白，那么这家公司的诚信度就值得怀疑了，或者该公司在刻意掩藏什么信息，故意不让投资者明白。

　　很多人都在羡慕那些看上去似乎是一夜暴富的人，总感慨自己没有得到像他们那样的机会。可是，大家只看到了他们成功的一面，却没有看到在他们风光的背后，为达到目标所作的种种准备。

　　机会对于有准备的人来说，是通向成功之路的催化剂；对于缺乏准备的人来说，却是一颗裹着糖衣的毒剂，当你还沉浸在获得机会的兴奋之中时，它却会给你致命的一击。所以说，一个作好准备的人就是一个已经预约了成功的人。

# 鳄鱼法则：投资要懂得及时控制止损

在投资界，有一条大家都明白的道理：如果你损失了20％的本金，那么你必须要赚回25％才刚好回本；如果你损失了50％的本金，那么你就必须赚回100％才能回本。巴菲特常说："如果你投资1美元，赔了50美分，那么你手上就只剩下一半的本金，在这种情况下，除非有百分之百的收益，你才能回到起点。"所以，巴菲特要投资者在投资生涯中一定要做到永远不要损失。

但是，股市中充满了各种不确定因素，谁都不敢也不能保证自己对每一只股票的投资都是正确的。所以，出现损失是在所难免的。那么，当出现损失时，投资者该怎么办呢？巴菲特的答案是：立即实施止损措施。其实，巴菲特的"止损"，不是让投资者一出现损失就抛出手中的股票，而是要求投资者控制损失。巴菲特说："事实上，只要你对自己持有股票的公司感觉良好，你应该对价格下跌感到高兴，因为这是一种能使你的股票获利的方式。"

如果，在你的投资生涯中，不能够引入控制损失这个概念，那么毫无疑问，你在自己的投资中埋下了一颗定时炸弹。这颗定时炸弹迟早会把你和你的财富毁灭掉。这绝对不是危言耸听，因为在投资界，一次大亏损就毁掉前面99次的利润是屡见不鲜的，原因就是没有及时地控制损失。

心理学研究表明，损失带给投资者的痛苦，远比同样的获利所得到的快乐强烈得多。因此，几乎所有的投资者，在遭受损失时内心都有一种尽力挽回损失的潜意识。也就是说，在投资中一旦出现损失，投资者往往会做出非理性的行为。

在投资界中，很多股民都容易犯这样的错误：只知道买进股票后赚了钱出局，却很少主动在适当的亏损位置止损平仓走人。原因就是，在出现损失后，他们仍然心存侥幸，总希望不久就会强劲反弹。但当反弹迟迟没有出现时，他们则更不愿意亏本卖出。

时间长了，股价已经在盲目的等待中不断缩水，结果本来只要止损就能降低亏损，但由于自己的非理性行为（主要指不肯认输的错误思想），导致自己的本金越亏越大。

在控制损失方面，世界上出色的投资者都会遵循一个有用且简单的交易法则——鳄鱼法则。这条法则源自于鳄鱼的吞噬方式：猎物被鳄鱼咬住后，越使劲挣扎，鳄鱼的收获愈多。假如你被鳄鱼咬住了一只脚，鳄鱼是不会马上把你的脚咬断吃掉的，而是会等待你的挣扎。如果你想用手掰开鳄鱼的嘴，拔出你的脚，那么鳄鱼就会趁机咬住你的脚与手臂。这样，你愈挣扎，就陷得越深。所以，万一你被鳄鱼咬住了脚，你唯一生存的机会便是牺牲那只脚。把这个法则用到股市上就是：当你知道自己犯错误时，唯一正确的做法就是立即了结出场。也就是当出现亏损时，你对自己所持有股票的公司又没有信心，那么你就要保存自己的实力，控制损失。

巴菲特为我们举了这样一个例子：一个投资者的分析准确率达到了40%左右，而另一个投资者的分析准确率达到了80%左右，谁能够在投资中更长久地生存呢？也许你会认为后者的胜算更大。

但巴菲特不是这样认为的，他认为，如果不能有效地实施止损措施，不能有效地控制风险，后者往往不如前者表现得好。巴菲特的解释是这样的：假设这两个人的本金都是10万美元，分析准确率为40%左右的投资者每次的风险控制在2%，在10次交易中，有6次亏损4次盈利，结果只损失了1.2万美元；而分析准确率为80%左右的投资者每次的风险控制在20%，在10次交易中，有2次亏损8次盈利，结果损失了4万美元。

所以，在亏损额相差2.8万美元的情况下，分析准确率为80%左右的投资者必须比分析准确率为40%左右的投资者多盈利2.8万美元，才能保持一样的业绩。

按照巴菲特的解释，我们可以很容易地得出这样的结论：如果不能有效地实施止损措施，合理控制风险，那么即使分析准确率比较高，也不一定有好的业绩表现。

在止损方面，巴菲特也不例外，那么，巴菲特是怎么做的呢？大致说来，巴菲特的止损方法主要有以下三个要点：

**1.根据自己的实际情况，确定自己的止损点**

所谓止损点，就是在实际操作中，股价处于下滑状态时所设立的出局点位。设立止损点的目的是为了最大限度地保住胜利果实，防范可能发生的市场风险，使亏损尽可能减少。一般来讲，逢市值上涨时，止损点须及时提高，相反，止损点可适当降低。巴菲特认为，投资者在制定止损计划时，首先要根据自身的投资状况确定止损点。

**2.确定合适的止损幅度**

止损理念的关键就是确定合适的止损幅度（即止损点和买入价的距离）。这通常需要投资者根据有关技术位和投资者的资金状况确定。一般而言，做短线投资的止损幅度在5%~8%之间，做中线投资的止损幅度在8%~13%，做长线投资的止损幅度在15%~20%之间。当然，究竟取什么幅度，往往取决于投资者的经验和对该股票的了解。

此外，在确定止损幅度的时候还要注意，止损幅度不能过大也不能过小。过大则丧失了止损的本意，这样一次错误会带来很大的损失；过小就有可能增加无谓的损失，因为止损幅度过小，止损点就容易在股价的正常波动中被触及。因此，根据实际情况确定止损幅度，是非常重要的。

### 3.坚定不移地执行止损计划

巴菲特告诫投资者，设立了止损计划就一定要执行，特别是在刚买进就被套牢的情况下。如果在投资中，发现错了又不回避，一旦股价下跌到40%~50%时，那么，就更加得不偿失了。所以，在制定了止损计划后，如果发现错了，就应及时止损出局，不要再存有侥幸心理。

# 投资的心理陷阱：不要被市场价值蒙蔽了双眼

有这样一个笑话：两个金融学教授在华尔街激烈地讨论关于有效市场的问题时，突然同时看到路边有100美元。于是他们开始争论要不要将钱捡起来。其中一位教授说："我觉得应该马上把它捡起来，那么别人的损失会立刻变成自己的收益。"而另一位教授却不同意这种说法，他说："你别傻了，华尔街人流如潮，如果钱是真的，早被别人捡走了，那肯定是一张假币。"

于是在争论之下，他们得出了如下结论：在完全有效的市场上，如果现在没有什么潜在的力量显现出来，那么将来也不可能有任何的突破。

心理学家告诉大家，如果每一位投资人都按自己的意愿去行事的话，将会有很大的收获，可是现实是，投资者都喜欢与大众保持一致，因为那样做会让他们感觉更加安全。

但是投资者们忽视了一点，股票或者是其他投资的定价不仅仅反映的是现在的价值，还是未来很多未知价值的体现。所以，如果投资者在投资时能够保持清醒的头脑，看清市场的真实面目，那么在投资时就能够以理性衡量出市场未来囊括的因素和价值。

市场价值有时候也是会骗人的，所以投资者在投资时一定要对投资价值进行衡量。第一种方法是在投资之前一定要先确定你所投资的项目的内在价值，包括它的基本价值和无形价值。

成功的投资者都擅长此道，如全球投资大师吉姆·罗杰斯在成立量子基金成功后说："我们感兴趣的不是这个公司在下个季度的利润或者是它的运作前景，而是更广泛的社会、经济和政治因素，在将来的某个时候如何改变某个股票板块的命运。我们所预见的和现在的股票市场价格之间的差距越大越好，因为这样使我们更赚钱。"

第二种方法是尽量降低系统性错误（因个人的固执己见或者是受投资大众影响而重复犯的错误）的几率。这种常见的错误是，人们总是会试图找出某项投资的规律，并认为这些规律是亘古不变的，利用这些规律赚钱。

于是就会经常出现下面这种情况：那些自认为熟悉股票发展趋势的股民，在牛市出现之后依旧不切实际地希望这种趋势会不断出现，从而失去了更理性的投资机会。

# 自我保护：如何在大赚和大蚀中赢得平衡

　　被世人公认是世界投资怪才、鬼才、奇才的索罗斯，曾在国际金融界掀起了一股索罗斯旋风，1992年的英镑之战、1997年的亚洲金融风暴、1998年的香港鳄鱼大战，为他赢得了"历史上最伟大的投机者""国际金融大鳄"等毁誉参半的称号。

　　他为什么能够在看似混乱的投资市场大赚呢？索罗斯说："市场是无序的、动荡的、混乱的，但是只要你能够掌握一些投资的法则，就可以明辨是非，无往不利。"

　　很多人都对他的说法嗤之以鼻，认为他之所以能够取胜完全取决于他管理的对冲基金、投资的金融工具和资金数量，而也正是人们的这种观念忽略了索罗斯成功的真正秘诀：理性的投资原则。

　　索罗斯在投资之前总是会寻找市场中的行情，预测可能发生的突变，并领先别人发现这种突变，然后通过分析政治、经济和社会等多方面的因素去预测股票的未来发展趋势，并找出可能影响其发展的决定性因素。

即使是进行了全方位的分析，索罗斯还是会先想到风险。投资必定要承担风险，但是不要去孤注一掷地冒险，这是他的投资原则。他认为投资者最容易犯的错误就是过于自信、鲁莽出击，所以不能很好地利用自己手中的筹码。而且，他们一旦看准机会总是会全力以赴，拿出全部家当去下注，甚至不惜采用循环抵押贷款的方式。

这种大胆投资的精神是好的，甚至可以让人突破瓶颈大赚一笔，但是一旦失利就会血本无归，很难东山再起。所以当索罗斯发现自己的员工在玩冒险的赌博时，会及时出来制止，他说："我决不会去冒险，尤其是那种可以将我毁灭的冒险，但是我也永远不会在有利可图时做一名看客。"

正是因为他能够正确地对待投资风险，所以他总是能够消除担心、焦虑，克服对损失的恐惧，从而提高承受市场与间隔波动的能力，永远保持清醒的头脑，在冒险时不拿出全部家当下赌注。这样一来，即使是失误，也可以留得青山在，从头再来。

正是因为这样，索罗斯在投资时总是能够合理地利用他手里的每一个筹码，在大赚和大蚀中赢得平衡。

# 熟悉感偏好：为什么你会拒绝购买外国股票

　　有一个关于鱼儿和狐狸的古老寓言。一天，无所事事的鱼儿想浮出水面透口气，于是一边游一边东张西望，这时，恰巧有一只狐狸经过。它们同时看到了彼此，鱼儿知道狐狸是自己的敌人，于是打算转身向水的深处游去。

　　狐狸见状马上开口说："鱼儿兄弟你先别走，我有几句话要跟你说。"鱼儿回答道："我才不会相信你的鬼话，如果我在这里不动，你一定会找机会吃掉我的！"

　　"不，不，朋友你不用紧张，我是真的有事情要跟你说，要不这样吧，我们都待在原地不动。这样你总可放心了吧！"狐狸说。鱼儿听了之后觉得可以接受，于是浮在水面没动。

　　狐狸见状，马上笑容满面地接着说："你知道吗，在河岸的对面也有像这样的一个湖泊，而且比这里好得多。水面波光粼粼，周围都是郁郁葱葱的植被，别提有多漂亮了。重要的是，水里面有很多美味的食物，那里的鱼儿别提有多幸福了。"

鱼儿听后，说："我为什么要相信你呢？"

"我没有理由骗你啊！这些都是我亲眼看到的，而且那里的鱼儿兄弟们总是能够吃到美味的虫子。"

鱼儿被狐狸描述的美景吸引了，于是放松了警惕，说："可是我们天生是在水里生活的，而且这里与你说的地方根本没有水路可以过去，我没有办法到那里。"

"没有关系，我可以帮你。你跳进我的嘴里，我会带你过去，就和带我自己的孩子一样。而且我可以发誓绝对不会伤害你。"

鱼儿沉浸在狐狸描绘的美丽景色中，所以决定冒险，于是说："好吧，我暂且相信你，你带我过去吧！"

狐狸来到湖边轻轻地将鱼儿衔在嘴里。走了几分钟后，鱼儿完全放松了警惕，可是恰恰在这时，它感觉到了刺骨的疼痛，它知道自己受骗了，于是问狐狸："你发过誓言的，为什么要反悔？"

"其实我是情不自禁，"狐狸说，"这毕竟是我的天性。"

人和狐狸一样有天性，但是人与动物的区别就在于，人可以控制自己的天性，区别事物对我们的利弊，但是当人们在面对金钱时，却很容易被蒙骗。也正因为此，导致了很多人不能够成为成功的投资者。

如果是你，你会选择哪种投资：一个是投资到国外，一个是投资于你比较熟悉的地方，如自己的国家或者是生活的城市。

毋庸置疑，大多数人都会选择自己比较熟悉的领域，他们觉得自己了解这片土地，或者熟悉这家公司，因为了解从而自信。但事实却是，随着研究的日益普及和交易费用的下降，投资国外市场越来越容易，而且投资具备的价值也越来越高，风险越来越小。

尽管如此，人们还是会投资国内市场，而且仅限于投资自己熟悉的领域。因为这样可以减少投资者的矛盾心理。天性使他们相信，自己的投资决策是合理的，即使出现了错误的判断，他们还是会坚持买进一些并不怎么样的股票，于是理性的行为总是会产生错误的决策。

要想做一个成功的投资者就要放开眼界，抛弃所谓的地域、熟悉、国家的偏好，"将所有的鸡蛋放在一个篮子里"，只有这样才可能抓住更多的机遇。

# 羊群效应：学会避免跟风

假如你现在以志愿者的身份坐在一间屋子里，而与你只有一扇玻璃门之隔的房间坐着另外一位绑着电击器的志愿者。你的任务是向对方提问，如果他不能正确回答你的问题，就电击他。

你会怎么做？如果要求你将电击的效果强化，你又会怎么做？

耶鲁大学心理学家斯坦利·米尔格伦在实验的过程中得到了如下结论：如果事先告诉志愿者他们所参加的这次实验具有重要的价值，并无须承担任何责任时，那么志愿者会把电击增加到"致命"的程度。

实际上，接受电击的志愿者都是一些被特意请来的演员，他们会在遭受电击时尽量喊得撕心裂肺。

但是坐在隔壁的志愿者并不知道这些，所以当他们看到对方痛苦的表情，听到他们歇斯底里的尖叫时，也不会停止电击。

这项实验表明，人们与他人保持一致的愿望比自行其是更为强烈，如果这种信息是专家传递的，那么这种愿望会更强烈。所以，当人们在投资时，总是乐意选择跟别人相同的投资。而且这种群体行为往往会让个体失去自主决策的能力。

我在国外一本投资书中看过这样一个案例：

杰克花了50万美元在曼哈顿的中心地带买了一套公寓，而且公寓的环境相当不错，地理位置也不错，可以俯瞰纽约中央公园。所以，每天当他走出公寓时，总是会碰到一两个买家。奇怪的是，每次碰到的买主给出的价钱总是会降低，到月底时价格竟然跌到了10万美元。

杰克意识到可能房地产市场正在发生变化，于是决定将房子卖掉。可是没有想到的是，第二年，房价飞涨，他卖掉的公寓涨到了150万美元。

同样的事情还发生在弗兰克身上。弗兰克买了100手ABC公司的股票，但是不久后股票的价格就开始飞速下滑。于是他的心情糟糕透了，每天都做噩梦，而且总是会看到自己逐渐缩水的股票价格。

但是ABC公司并没有公告有重大的变故出现，媒体也毫无动静，但是弗兰克看到别人都在卖出，所以他认为别人一定是知道了某些自己并不知道的内幕，于是也跟着疯狂地抛售股票。但是正当他将全部的股票都售出时，ABC的股票价格却在一夜之间翻了一番。

大多数人总是喜欢简单明晰的分析，因为这符合我们大脑分析信息的方式。所以当市场出现混乱时，很多人都会失去自己的判断力从而相信别人的行为，因此束缚了手脚。

# 人际交往中的博弈——用智慧取得人生博弈的胜利

# 互惠互利：没有人会无缘无故地喜欢一个人

　　人是三分理智、七分情感的动物。大量研究发现，人际关系的基础是人与人之间的相互重视与相互支持。也就是人们常说的"给予就会被给予，剥夺就会被剥夺；信任就会被信任，怀疑就会被怀疑；爱就会被爱，恨就会被恨。"这就有了互惠原则：当他人做出友好姿态以示接纳和支持我们时，我们会觉得"应该"对别人报以相应的回应，进而产生一种心理压力，迫使我们对他人也做出相应的友好姿态。否则，我们以某种观念为基础的心理平衡就会被破坏，我们就会感到不安。

　　2005年4月，某国不顾美国当局的强烈谴责，以压倒性的投票同意一位前世界象棋冠军、同时也是逃犯的鲍比·菲舍尔加入该国国籍。是什么样的国家甘冒与世界强国断交的风险，也要保护一名公开为9·11劫机犯说话的逃犯？是伊朗？叙利亚？还是朝鲜？

　　其实以上3个国家都不是。那个通过国会匿名投票的方式、决定给予鲍比·菲舍尔本国国籍的，是向来与美国保持亲密盟友关系的冰岛。世界上这么多国家，为何单单是冰岛敞开怀抱接受了鲍比·菲舍尔，特别是在他违反美国法律、在前南斯拉夫赌了一场500万美元的象棋赛后？

要弄清答案，我们需要先来回顾一下30年前那场著名的象棋大赛——1972年的世界象棋冠军赛。当时，菲舍尔作为挑战者，挑战卫冕冠军——前苏联象棋大师鲍里斯·斯帕斯基。历史上没有哪场比赛能受到如此广泛的关注，世界各地对这场比赛倾注了极大的热情。在处于冷战巅峰的当时，该比赛被称为"世纪之战"。

奇怪的是，菲舍尔并未出席在冰岛召开的比赛开幕式。几天后，因为菲舍尔提出了诸多主办方不可能满足的要求，如禁止电视转播、30%的收视收入归自己，人们开始怀疑这场比赛是否能按约举行。菲舍尔的职业生涯与私生活正如他的行为一样，处处充满矛盾。

最后，在比赛奖金翻倍和美国国务卿基辛格的劝说下，菲舍尔终于飞往冰岛参加了比赛。这场赛事在国内外的报纸上被大肆报道，小小的冰岛也因此为世人所熟知。事实上，冰岛之所以忍受饱受争议的菲舍尔，用他们当地媒体的话说，是因为"他让冰岛在世界地图上占有了一席之地"。

冰岛人民显然把这看作是菲舍尔送给他们的一份厚礼。这份厚礼重到冰岛人民在30年后仍铭记于心。

一位冰岛外交部人员表示："30年前菲舍尔对这里作出的杰出贡献，我们至今还铭刻在心。"尽管许多当地人并不认为菲舍尔讨人喜欢，但他们还是接纳了他。对此，英国广播公司分析说，冰岛人民"十分迫切地希望，能用提供避护的方式来报答菲舍尔先生。"

这件事点出了互惠原则的重要性与普遍性，它使人们想要报答帮助过自己的人，促使人们用公平的方式对待日常生活、工作和亲密朋友，以建立起人与人之间的信任。

丹尼斯·里根教授还做过一个关于互惠原则的经典实验。他让乔（实验人员）化装为奖券销售员，并在正式销售前先发放免费可乐给顾客。结果他们发现，事先获得免费可乐的顾客，后来购买彩券的张数比未事先获得免费可乐的人要多两倍。

尽管赠送免费可乐和推销彩券并不是同时进行的，而且乔向顾客兜售彩券时也并未提及免费可乐的事，但顾客还是记住了他先前的好意，并愿意对此礼尚往来。

此外，这个实验还说出了为何有些冰岛人不喜欢菲舍尔，但还是会接纳他的原因。实验表明，尽管让人喜欢和让人认同之间有紧密联系，但对那些获赠可乐的顾客来说，是否喜欢乔并不是他们是否会购买彩券的参考。也就是说，那些拿了免费可乐的顾客，不管喜不喜欢乔，购买的彩券数量是一样的。这表明由受人恩惠产生的亏欠心理，比对那人的喜欢程度更能影响人们的行为。

可见，互惠原则的持久力和凌驾于喜欢原则之上的效力，即使不能产生近期效益，人们也会乐意给别人施以巨大帮助。

社会经验和道德因素告诉我们，最好先为他人提供帮助或向他人妥协。如果我们帮助过某位队员、同事或熟人，就等于在他们心里埋下了一种责任感，促使他们将来回报我们；帮助上司也会让他们心存感激，当我们需要帮助时，他们自然也不会袖手旁观。

此外，如果员工想早点下班去看牙医，作为经理最好也网开一面。这种做法其实是种投资，员工会找机会还这个人情，也许日后他会主动要求加班帮你完成某个重要项目。

然而，人们寻求帮助时通常会这样问"这里有谁能帮我呢？"其实，这样的话是目光短浅的。我们建议你先问问自己："我可以帮助谁？"因为互惠原则的原理是，先提供帮助给他人带来的社会责任感，令你的请求收效好。当你主动帮助他人时，别人就会觉得有责任回报你。

此外，如果管理就是组织队员朝一个目标迈进，那一个互相帮助过的团队，比如某些人曾从同事那得到过有用的信息、或是得到过同事的认同、又或曾有同事曾倾听过自己的苦恼，那这样的搭配组合对完成目标会很有帮助。

同样，当我们为他人提供过帮助后，那些受过帮助的朋友、邻居、搭档甚至孩子会更有可能在日后认同我们的请求。

最后，我们要记住：人际交往中的喜欢与厌恶、接近与疏远是相互的。几乎没有人会无缘无故地接纳和喜欢另外一个人。被别人接纳和喜欢必须有一个前提，那就是我们也要喜欢、承认和支持别人。一般地，喜欢我们的人，我们才会喜欢他们；愿意接近我们的人，我们才愿意接近他们；疏远、厌恶我们的人，我们也会疏远、厌恶他们。

产生这种现象的原因是，每个人都有维护自身心理平衡的本能倾向，都要求人际关系保持一定程度的合理性和适当性，并力图根据这种适当性、合理性解释自己与他人的关系。

## 端正交际心理：从别人脸上读自己的表情

一位老人静静地坐在一个小镇郊外的马路边。

一位陌生人开车来到这个小镇，看到了老人，停下车打开车门，问老人："老先生，请问这个城镇叫什么名字？住在这里的是哪一种人？我正在寻找新的居住地！"

老人抬头看了一眼陌生人，回答道："你能告诉我，你原来居住的那个小镇上的人是什么样的吗？"

陌生人说："他们都是一些毫无礼貌、自私自利的人，住在那里简直让人无法忍受，根本没有快乐可言，这正是我想搬离那儿的原因。"

听了这话后，老人说："先生，恐怕你又要失望了，这个镇上的人和他们完全一样。"陌生人听后怏怏地开车离开了。

又过了一段时间，另外一位陌生人来到了这个镇上，也遇到了这位老人，他向老人提出了同样的问题："住在这里的是哪一种人呢？"老人也用同样的问题来反问他：

"你现在居住的镇上的人怎么样？"陌生人回答："哦！住在那里的人非常友好、非常善良。我和家人在那里度过了一段美好的时光，但是，因为工作的原因我不得不离开那里。我希望能找到一个和以前一样好的小镇。"

老人说："你很幸运，年轻人，居住在这里的人跟你以前的邻居完全一样。你会喜欢他们的，他们也会喜欢你。"

这个故事告诉我们：看人就像照镜子，看到的都是自己。你喜欢别人，别人也会喜欢你；你不喜欢别人，别人也不会喜欢你。这好像听起来有点不可思议，还是让我们来看个真实的事例吧。

联合国的一位亲善大使去非洲的一个国家回来以后，就宣称那里的人是全世界最差劲的主人：海关人员板着一张脸，计程车司机态度恶劣，餐厅侍者傲慢无礼，市民不耐烦且有敌意。

后来，这位亲善大使偶然看到了这样一段话：世界是一面镜子，每个人都在其中看到自己的影像。于是下次再去那个国家时，他决定一路挂着笑容。结果他竟看不到任何不高兴的海关人员、计程车司机、侍者……人人都是脸挂笑容、亲切友善。他这才发现，纠正别人态度最有效的方法是纠正自己的态度。

在人际交往中，谁都希望遇到的是天使般热情善良的人，希望他们能给自己带来幸运和快乐，害怕与冷漠凶恶的人打交道。但是，在现实生活中，天使和魔鬼同在。有时候，善良的天使也可能会变成魔鬼，而凶恶的魔鬼也可能会变成天使。那么，我们该怎样使自己多遇到一些天使而少遇到一些魔鬼呢？

心理学家告诉我们：把别人想象成天使，你就不会遇到魔鬼。这个经验绝不是随口说说的，而是建立在科学实验基础上的。

曾有心理学家做过这样一个巧妙的实验：实验人员让两组志愿者给同一位女士打电话。告诉第一组的人说：对方是一位冷酷、呆板、枯燥、乏味的女人。告诉第二组的人说：对方是一个热情、活泼、开朗、有趣的人。

结果，第一组的参加者很难与那位女士顺利地交谈下去，而第二组的人与那位女士的交谈非常投机，通话时间也明显比第一组的人要长。这是为什么呢？道理很简单，第二组的参加者把那位女士想象成是一个幸运的"天使"，把她看作是一个"热情、活泼、开朗、有趣"的人，并以同样的态度与之交往，而第一组则相反。

把别人想象成魔鬼，遇到的当然是魔鬼；把别人想象成天使，你就不会遇到魔鬼，这是为什么呢？

原来，在人际交往中，人们都有保持心理平衡的需要。你怎么看待别人，别人就会怎么看待你。否则，对方就会感到不平衡。所以，如果你事先对别人有消极的看法，那么，这种看法势必会无意识地流露出来，并或多或少表现在你的语言和非语言的信息上。对方在觉察到你发出的信息后，也会作出相应的反应。有人曾经这样说：你对别人的态度和别人对你的态度事实上是一样的，我们往往能够从别人的脸上读到自己的表情。

在生活与工作中，常有人抱怨说环境或周围的人与自己不融洽，所以就想借着换个工作环境或结交新的朋友，来改变尴尬的境遇。但是他们却很少反省：自己人际关系的不顺畅或职场的不如意，究竟是自己的因素还是别人的因素造成的呢？

如果原因是出在自己身上，唯有改变自己才能让问题迎刃而解；否则，不断地转换工作或认识新朋友只能是对生命的浪费，对问题的解决没有丝毫裨益。一个能够时刻鞭策自己的人，才能在社会中立于不败之地，才能在事业上取得更辉煌的成就。

## 照葫芦画瓢：人们喜欢与自己相似的人

在美国，许多侍应生发现，如果客人点餐时每说一句话，他们能立刻重复一遍，客人就会给更多的小费。然而，也有不少的侍应生在客人点餐完毕后，要么淡淡地应一句"好的"，要么干脆什么都不说就走了。

显然，与后面那些侍应生相比，客人更喜欢积极的、会重复订单的侍应生。因为这样不会让人担心自己点的奶酪三明治，送来时却变成了炸鸡汉堡。调查显示，按上述方法复述客人点餐的侍应生，收到的小费比平时高出70%。

为了证实这一现象，瑞克·冯·巴伦教授曾做过实验，发现事实确实如此。只要侍应生能逐句复述客人的点餐，不用多加解释，不用点头示意，不用说"好的"，就能收到更多小费。

为什么模仿他人行为就能得到对方的慷慨对待？也许这和我们潜意识里喜欢和自己相似的人有关。

心理学家发现，人们在下意识里喜欢那些与自己相似的人。不管他人是在行为上、观点上、兴趣爱好上，还是生活方式上与自己相似，又或者仅仅是共处于同一个区域，这些都会使自己对他人心存好感。

这里所说的相似性不是指客观上的相似性，而是人们感知到的相似性。实际的相似性与感知到的相似性是有联系的，而且前者往往决定后者，但二者不是完全对应的。

感知到的相似性包括信念、价值观、态度和个性品质的相似性，外貌吸引力的相似性，年龄的相似性以及社会地位的相似性等等。

许多研究都表明，相似性与喜欢之间有直接联系。受试者认为，人越是与自己相似，自己便越是喜欢这个人。在一个研究中，研究开始时那些在信念、价值观和个性品质上相似的人，在研究结束时都成为了好朋友。

但是，人们在早期交往中，信念、价值观和个性品质的相似性往往显示不出来，此时年龄、社会地位、外貌吸引力往往起着重要的作用。随着交往的加深，信念、价值观、个性品质等因素的作用便突显出来，甚至超过其他因素。

心理学家对相似性原则有两种解释：一种解释认为，相似的人肯定了我们自己的信念、价值观和个性品质。相似的信念、价值观和个性品质起着正强化作用，而不相似的信念、价值观和个性品质则起着负强化的作用。这种正负强化作用通过条件反射过程与具有这些特点的人联系起来，结果就造成了人们喜欢相似的人。

另一种解释则认为，相似性影响吸引是由于它提供了关于他人的信息。人们通常重视自己的信念、价值观和个性品质，所以对拥有同样特点的人会产生好感。

不管心理学家作出什么解释，人们喜欢与自己相似的人这一点是毋庸置疑的。掌握了这个原理，我们要取得别人的好感就有捷径可走了。我们只需要模仿他人的行为就能增进感情，并能巩固当事双方的关系。

在某个实验中，研究者安排两名人员作简短的接触。其中一人是研究助理，她要对另一人的行为照葫芦画瓢。如果另一人双臂交叉地坐着，还不时用脚轻敲地面，研究助理也要完全照做。同时，在另一个实验中，研究人员要求研究助理不必模仿对方的行为。

结果显示，实验对象更喜欢模仿自己行为的助理，并且认为与她接触很愉快。

# 学会赞美：赞美是人际交往的润滑剂

赞美是让身边人喜欢你的好方法。

美国第三十任总统卡尔文·柯立芝就是一个善于运用"赞美"技巧的人。刚上任时，柯立芝聘了一个女秘书协助他。这个女秘书虽然既年轻又漂亮，但是工作却屡屡出问题，不是字打错了，就是时间记错了，这给柯立芝的工作带来了很多麻烦。

有一天，女秘书一进办公室，柯立芝就夸奖她的衣服很好看，称赞她的美丽。女秘书受宠若惊，要知道总统平时是很少这样夸奖人的。柯立芝接着说："相信你的工作也可以和你的人一样，办得很漂亮。"

果然，女秘书的公文从那天起再也没有出现过错误。一个知道来龙去脉的参议员好奇地问柯立芝："你这个方法很妙，是怎么想出来的？"

柯立芝微微一笑，说："这很简单，你看理发师帮客人刮胡子之前，都会先涂上肥皂水，这样做的目的就是让别人不会觉得疼痛，我不过是灵活运用了这个方法而已！"

每个人都爱听奉承话，都渴望得到别人的认可和赞美。在赞美的作用下，即使是批评的话听起来也不会那么刺耳。任何一个人在听到你对他真诚的赞美后，都会对你产生好感。你不仅可以赞美同事、下属，也可以赞美谈判对手、合作伙伴。

华克公司承包了一项建筑工程，预定于一个特定日期之前在费城建立一幢庞大的办公大厦。一切都照原定计划进行得很顺利。大厦进入完工阶段时，突然，负责供应大厦内部装饰用的铜器承包商宣称，他们无法如期交货。如果真是这样的话，整幢大厦都不能如期交工，那么公司将承受巨额罚金。

长途电话、争执、不愉快的会谈，全都无效。于是杰克奉命前往纽约，当面说服铜器承包商。

"您知道吗？在布鲁克林区，有您这个姓的，只有您一个人。"杰克走进那家公司董事长的办公室之后，立刻这么说。

董事长很吃惊地回答："不，我并不知道。"

"哦，"杰克说，"今天早上，我下了火车之后，在查阅电话簿找您的地址时发现在布鲁克林的电话簿上，有您这个姓的，只有您一人。"

"我一直不知道"董事长说。他很有兴趣地查阅电话簿。"嗯，这是一个很不平常的姓，"他骄傲地说，"我这个家族是从荷兰移居到纽约的，快有200年了。"一连好几分钟，他都在说他的家族及祖先。

当董事长说完之后，杰克就恭维他拥有一家很大的工厂。杰克说他以前也拜访过许多同一性质的工厂，但跟他这家工厂比起来就差得太远了。"我从未见过这么干净整洁的铜器工厂。"杰克说道。

"我花了一生的心血经营它，"董事长说，"我对它感到十分骄傲。你愿不愿意到工厂各处去参观一下？"

在参观活动中，杰克又恭维董事长的组织制度健全，并告诉他为什么他的工厂看起来比其他的竞争者高级，以及好处在什么地方。杰克还对一些不寻常的机器表示赞赏，结果这位董事长宣称那些机器是他发明的。他还花了不少时间向杰克说明那些机器的操作程序，以及它们的工作效率有多么良好。

最后，这位董事长坚持请杰克吃中午饭。也许你已经注意到了，到目前为止杰克根本没有提及此次访问的真正目的。

吃完中午饭后，董事长说："现在，我们谈谈正事吧。自然，我知道你这次来的目的。我没有想到我们的相会竟

是如此愉快。你可以带着我的保证回到费城去。我保证你
们所有的材料都将如期运到，即使其他的生意会因此延误
我也不在乎。"

杰克未开口要求，就达到了他此行的目的。那些器材
及时运到，大厦就在契约期限届满的那一天完工了。

人们特别喜欢听奉承话，赞美别人、恭维别人能让你
轻松达到目的。所以说，学会赞美，你将无往而不利。

# 运用潜智慧："请君入瓮"的技巧

第二次世界大战期间，作为苏联党和国家领导人的斯大林，由于受反常的"自我尊严"的驱使，变得很难接受别人的意见。"唯我独尊"的个性使他不能允许世界上有人比他高明。

在莫斯科保卫战前夕，大本营总参谋长朱可夫将军曾建议放弃基辅城，以免遭德军的"合围"。这本来是一个很有战略眼光的建议，但斯大林听不进去。斯大林不仅当面骂朱可夫"胡说八道"，还一怒之下把他赶出了大本营。

不久，基辅城果然遭到德军的合围，守城的红军精锐部队全军覆没。等到斯大林对朱可夫说"你对了"的时候，已经太晚了。不过，同样任苏军大本营总参谋长的华西列夫斯基，却能使斯大林在不知不觉中采纳他提出的正确作战计划。

为什么斯大林唯独听得进华西列夫斯基的建议呢？这要归功于华西列夫斯基别致的进言策略。

在斯大林与华西列夫斯基闲聊时，华西列夫斯基通常会"不经意"地"顺便"说说军事问题，既不郑重其事，也不头头是道。可奇妙的是，往往等他走了以后，斯大林便会想起一个好计划。过不了多久，斯大林就会在军事会议上陈述这个计划。大家都惊讶斯大林的深谋远虑，纷纷称赞，斯大林自然十分高兴。

再看看华西列夫斯基本人，他也与大家一样显得惊异，并且也与众人一道表示赞叹折服。这样一来，自然不会有人想到这是华西列夫斯基的主意，甚至斯大林本人也不这样认为了。但是，上帝最清楚，统帅部实施的毕竟还是华西列夫斯基的计划。

华西列夫斯基在军事会议上的进言更是令人啼笑皆非。他首先讲三条正确的意见，但口齿不清、用词不当、前后重复、没有条理、声音含混。因为他的座位靠近斯大林，所以只有斯大林一个人明白他的意思。

接着他又画蛇添足地再说两条错误的意见。这会儿，他来了精神，条理清楚、声音洪亮、振振有词，好像非要使这两条错误意见的全部荒谬性都昭然若揭才肯罢休。这往往使在场的人心惊胆战。

等到让斯大林定夺时，斯大林自然首先批判华西列夫斯基那两条错误的意见，批判得是痛快淋漓、心情舒畅。接着，斯大林再逐条逐句、清晰明白地阐述他的决策。

斯大林当然完全不像华西列夫斯基那样词不达意、含混不清。华西列夫斯基心里明白，斯大林正在阐述的就是他刚刚表达的那几点意见。当然，那些意见是经过斯大林加工、润色了的。不过，没有人追究斯大林的意见是从哪里来的。这样一来，华西列夫斯基的意见也就移植到了斯大林的心里，变成了斯大林的东西，因而得以付诸实施。

事后，曾有人嘲讽华西列夫斯基神经有毛病，是个"受虐狂"，每次不让斯大林骂一顿心里就不好受。对这种评价，华西列夫斯基往往是笑而不答。只是有一次，他对过分嘲讽他的人回敬道："我如果也和你一样聪明、一样正常、一样期望受到最高统帅的当面赞赏，那我的意见也会和你的意见一样，被丢到茅坑里去。我只想我的进言被采纳、前线将士少流血、打胜仗，我认为这比讨斯大林当面赞赏重要得多。"

在这里，华西列夫斯基运用的就是一种潜智慧，这无疑是一种更为明智的选择。最巧妙的欺瞒，是让别人看起来好像是自己选择的结果。受欺瞒者自认为有完全的控制能力，而事实上他们不过是一个傀儡。

# 欲擒故纵：学会调控他人的预期

美国心理学家查尔迪尼曾经进行过的一项实验：

查尔迪尼在实验中先要求20名大学生花两年时间担任一个少年管教所的义务辅导员。这是一件很费神的工作，大学生们断然拒绝了。

随后，查尔迪尼又提出了另一个要求，让这些大学生带领少年们去动物园玩一次，结果这次有50％的人接受了。而当他直接向另一些大学生提出这个要求时，只有16.7％的人接受了。

其实，带领少年们去动物园玩也是一件很费神的工作，这从被直接提要求的大学生中只有16.7％的人表示同意便可以看出来。但为什么当把这个要求放在另外一个较困难的要求之后提出时，就会有50％的人接受呢？

这其中的原因就在于：首先，第一个很大的要求与后面一个小一点儿的要求形成了对比，让人更容易接受那个小一点儿的要求；其次，当一个人拒绝别人后，心里总会有一种歉意，而此时你再提出另一个请求，作为对你的让步作出的回应，他也会作出相应的让步。这就是知觉对比原理所产生的强大力量。

现在我们又学到了一点，那就是——在对某个人提出一个很大且被他拒绝的要求后，接着再向他提出一个小一点儿的要求，那么他接受这个小要求的可能性就比直接向他提出小要求而被接受的可能性大得多。

许多人正是利用这种策略去影响他人，当他们想让别人为自己处理某件事情时，往往会先提出一个令人难以接受的要求，待别人拒绝且怀有一定的歉意时，再提出自己真正要让对方办的事情。由于前面的拒绝，人们往往会为了留住面子而接受随后的要求。

# 以诚待人：没有人能够拒绝温暖的力量

　　法国作家拉封丹写过这样一则寓言：在风的家族中，北风和南风一直较劲儿，它们都觉得自己比对方厉害得多。有一天，北风和南风比威力，看谁能把行人身上的大衣脱掉。北风先刮来一股凛冽的寒风，想通过风力把行人的衣服吹掉，结果行人为了抵御北风的侵袭，把大衣裹得比先前更紧了。稍后，南风徐徐吹动，顿时风和日丽，行人似乎感觉到了春意，先是解开了纽扣，继而又脱掉了大衣，最终南风获得了胜利。

　　在处理人与人之间的关系时，要特别注意讲究方法。北风和南风都想使行人脱掉大衣，但方法不一样，结果也大相径庭。

　　生活中的复杂与精彩，不仅在于一个人用什么样的心态去对待问题，还在于一个人用什么样的行为模式去获取别人的认同与尊重。跟人打交道既是复杂的又是简单的。复杂在于人的思维既有无法掌控的局限性，又有一定的排他性。就如我们每个人对待人心与人性之间的关系一样。起起浮浮中我们看到的正面与背面，是有差异与差距的脸孔。

人与人之间的交往，只有当你认可了这个人的存在时，才有可能认可这个人所做的事。这就是人，一种很奇怪的思维方式，一种让人捉摸不透的心态，无论从整体还是个体，人的心都是在矛盾困惑挑剔中成长的，也在彼此炫耀、较量中学会了取舍与生存。

人有时候是难以把握的，除了学会宽容、感恩与真诚的赞美以外，我们不可能在这里面找到别的内容。宽容是一种很温柔而又让人感觉舒适的为人处事方式，而赞美是每个人都需要的语言，除此之外，还需要我们用心去经营。

# 破除防卫心理：承认问题是解决问题的第一步

当我们犯错误的时候，脑子里往往会出现想隐瞒自己错误的想法。其实，承认现在的处境，才是解决好问题的第一步。出现问题，就找拒绝接受事实的借口，不禁会让个人产生无力和厌烦感。与其回避不容回避之问题，不如承认问题之所在，以期处置。

在这种情况下，我们所需要的不是去斤斤计较，而是尊重他人的意见，维护他人的"自尊心"。

美国著名顾问尼一韦经常会接待像贺华勃及罗克法芮这样大名鼎鼎的人物，并很妥善地帮助他们解决所咨询的、难处理的事件。一次，尼一韦想邀请著名的阿丝狄夫人参加即将在纽约动工的阿斯托尼亚大饭店的奠基典礼。

"不行，"阿丝狄夫人说，"此事恕我不能遵命，你们之所以需要我，只是让我为你们旅馆做广告而已"。

但尼一韦的回答却使她大吃一惊，"夫人，的确如此，"尼一韦接着说，"然而，你也不会一无所获的，你也可以借此接近广大群众。因为，这个典礼将由广播电视向全国转播。"后来他又向她声明，他们并不希望她发表什么演说，只是要她到现场露一下面就行了，并且反复强调了此举的意义。最终阿丝狄夫人答应出席他们的奠基典礼。

从这一案例我们可以看出，尼一韦能使阿丝狄夫人答应的真正原因，在于一开始他就使夫人感到了自己出其不意的让步。阿丝狄夫人说："他们需要我做广告，这是我不愿意的。然而，他却坦白地承认了这一点。在这一点上他表示出了让步。"接下来尼一韦迎合阿丝狄夫人的心理去劝说，结果他成功了。

对于一般人来讲，在对立的交谈中，不肯轻易向当事人立即承认问题，这完全是"自尊心"与"习惯性防卫"在作怪。

在深层变革的时代，我们要学会如何降低习惯性防卫。比如减少防卫反应对情绪上的威胁，不断进行自我反思以及建立破除防卫心态的信心。一般来说，有才干的人，往往能在无形之中消除种种反对意见，然而，一旦这些事情不可避免地发生了，他们首先是倾听对方诉说，并且向对方表示自己完全理解及尊重他们的意见，然后再陈述解决的办法及自己的看法。

如果我们一开始就急于证明他们的观点是正确或是愚

蠢的，那么我们自己也做了件傻事，其结果只能是使他们坚持己见。如果我们对他们表示出应有的尊敬和同情，了解他们的真实企图，然后循序渐进地指出他们有可能步入的误区，我们就比较容易使他们来迁就和尊重我们的意见。

# 维护"私人乐园"：距离是一种美，也是一种保护

刺猬是一种全身披着刺的针毛动物，通常群体而居，自成一个小团体。西方有一种刺猬定律：每当天气寒冷的时候，刺猬被冻得浑身发抖，为了取暖，它们会彼此靠拢在一起，但是它们之间会始终保持着一定的距离。原来，如果它们相互距离太近，身上的刺就会刺伤对方，但如果距离太远的话，又达不到相互取暖的效果。于是它们找到了一个适中的距离，既可以相互取暖，又不会被彼此刺伤。

在职场上，也有所谓的"刺猬定律"，我们称它为人际交往中的"心理距离效应"。在人际交往中，很多人认为与别人的交往越亲密越好，其实不然，如果你不注意保持距离，把握分寸，就可能会在人际交往中受到伤害。距离是一种美，也是一种对自身的保护。

在目前的企业中，最可怕的"职业病"莫过于人际关系濒临破裂，以及沉重压力所造成的精神危机。几乎每

家公司的人事经理都表示，上班族人士由于同事间纠纷而导致心理健康问题的例子，实在是屡见不鲜。我们可以把"刺猬定律"运用到领导与部属、同事与同事之间的关系处理上，保持互不伤害的适当距离，达到共存共处的目的。

心理学研究者认为：领导者要搞好工作，应该与下属保持心理距离，这样做可以获得下属的尊重，可以避免下属之间的嫉妒和紧张，可以减少下属对自己的恭维、奉承、行贿等行为，可以防止与下属称兄道弟、吃喝不分，并在工作中丧失原则。事实上，雾里看花，水中望月，往往会让人产生"距离美"的感觉。保持亲密的重要方法，就是保持适当的距离。

好朋友之间也应当注意保持距离。朋友相处，也需要有一些空间，太过亲近，不小心忘了分寸，口无遮拦，会造成彼此间关系的紧张。另外，大家来自不同的环境、接受不同的教育，时间一长，即使再亲近的朋友，也难免会出现问题。感情往往是最脆弱的，太过疏远难免淡漠，太过亲密难免疲惫，只有保持适中的距离，才能保持和谐。

就算是关系最亲密的夫妻，相处的时候也需要有些距离，要有属于个人的空间。人们常把夫妻比作两个相交但又不完全重合的圆。交叉部分是夫妻共同的世界，两人在这儿尽享亲密和温馨；不交叉的部分是各自独有的天地，这里有丈夫和妻子不同的色彩甚至隐私，任何恩爱夫妻都不能因亲密无间而慷慨地全部让出，也不能因一时的矛盾而无限地扩大自己的空间。

距离是一种美，也是一种保护。感情容易滋养人心，也会轻易伤害人心，不管是血浓于水的亲情，还是海誓山盟的爱情，都可能在不经意间刺痛对方。

留出距离就是给彼此的感情腾出一个足以盛放的空间。为何有朋自远方来不亦乐乎？因为远方的距离承载了更多的向往和更多的牵挂，距离换取的是更多的珍惜而不是摩擦。

# 相悦原则：如何让别人对你产生兴趣

人们在人际交往和认知过程中，往往存在一种倾向，即对于自己较为亲近的对象会更加乐于接近。人际交往与认知过程中的较为亲近的对象，俗称"自己人"。所谓"自己人"，大体上是指那些与自己有着某些共同之处的人。这种共同之处，可以是血缘、姻缘、地缘、学缘、业缘关系，也可以是志向、兴趣、爱好、利益，还可以是彼此共处于同一团体或同一组织。

在现实生活中，人们往往更喜欢把那些与自己志向相同、利益一致，或者同属于某一团体、组织的人，视为"自己人"。在其他条件大体相同的情况下，所谓"自己人"之间的交往效果往往会更为明显，其相互之间的影响通常也会更大。

在"自己人"之间的交往中，对交往对象属于"自己人"的这一认识本身，大都会让人们形成肯定式的心理定势，从而对对方表现得更为亲近和友好，并且在特定的情境中，更加容易发现和确认对方值得自己肯定和引起自己好感的事情。所有这一切，反过来又会进一步巩固并深化自己对对方已有的积极性评价。

在这一心理定势的作用下，"自己人"之间的相互交往与认知必然在其深度、广度、动机、效果上，都会超过"非自己人"之间的交往与认知。

在交际应酬中，人们往往会因为彼此间存在着某些共同之处或相似之处，从而感到相互之间更加容易接近。而这种相互接近，通常又会使交往对象之间萌生亲切感，从而促使他们更加乐意相互接近、相互体谅。交往对象由接近而亲密、由亲密而进一步接近的这种相互作用，就是所谓的"亲和效应"。

所以，为了使自己的热情获得对方的正面评价，有必要在交往或服务的过程中创造积极条件，努力形成双方的共同点，从而使双方都处于"自己人"的情境中。

## 跷跷板互惠原则：人生不是独角戏

彼特是一位会计师，一个满怀雄心壮志的企业新贵，他告诉自己，凡事一定要精打细算，绝不能浪费任何资源，绝不放弃任何机会，要让自己随时保持在优势状态，无论大小事情，绝不能让别人超越半步！他甚至还运用了一些诡秘的手腕，把许多同业人士压在自己下面，以确保自己的地位。

果然，彼特获得了丰富的收入，占尽了所有的好处，成了一个高高在上的商场大亨。可是他并不快乐，总觉得生活中好像缺了点什么，于是他越来越郁闷，脸上的笑容越来越少，最后，他得了忧郁症。

一个朋友介绍他去看心理医生。医生在了解了他的情况后，只在他的医嘱上写了一句话："每天放下身份，去帮助一个身边的人。"然后，便要他拿回去，两个礼拜后再来会诊。彼特觉得莫名其妙，但还是把处方拿回了家。

两个礼拜后，彼特如约来找心理医生会诊，但这次他是满面笑容推开门的。"情况怎么样？"心理医生问。彼特开心地答道："真是太奇妙了！当我肯牺牲自己的时间、精力去为别人服务时，反而会得到一种说不出的欣喜！"

这则故事为"助人为快乐之本"这一古训作了最贴切的诠释：人与人之间的互动，就如坐跷跷板一样，不能永远固定在某一高度，只有高低交替，整个过程才会好玩，才会快乐！心理学家将这一理念称为"跷跷板互惠原则"。

一个永远不愿吃亏、不愿让步的人，即使真得到不少好处，也不会快乐。因为自私的人如同坐在一个静止的跷跷板顶端，虽然维持了高高在上的优势位置，但却失去了应有的乐趣，对自己或对对方都是一种遗憾。所以，"跷跷板互惠原则"是你我在同僚、朋友、夫妻……之间相处时，不可缺少的一门艺术。